文系オトナですが 今から数学を楽しめますか？

算数・数学の楽しさを
伝えるプロ集団
math channel 著

笠間書院

はじめに

算数・数学は大人になってからでも楽しむことができます。……いや、むしろ大人になればなるほど、また新しい楽しみ方が増えてくるのかもしれません。

こんにちは。私たちは、算数・数学の楽しさを届ける活動をしている株式会社math channel(マスチャンネル)と申します。代表して僕、横山明日希がはじめにを担当します。私たちマスチャンネルは小さいお子様からご年配の方まで幅広く算数・数学の楽しさを届けている、算数・数学に特化した会社です。

まずは、この本を手に取っていただき、ありがとうございます。おそらくこの本を手にとっているということは、算数・数学に対して何かしら苦い経験をされた方なのでしょうか。

「小さいときに計算練習が苦痛で嫌になった……」

「気がついたら数学の授業で行われていることについていけなくなった……」

「テストで見たこともない点数をとって急に自信を失った……」

など、振り返るといろいろと嫌な記憶がよみがえってくるかもしれません。でも、安心してください。私たちは、そんな方々にも算数・数学の楽しさを届けるべく活動をしてきています。


詳しくは第1章でお伝えしていますが、算数・数学を楽しむ方法は、問題を解くだけでもなく、公式を覚えるだけでもなく、もっともっと自由に数多く存在します。話を聞くだけでもいいし、ちょっと感心するだけでもいいんです。大人になったからこそ知っている知識に、もし関連する算数・数学の話題があったら……「算数・数学ってちょっと面白いかも？」ってなりませんか？　それを目指したのが、この本です。

私たちがふだん講座やYouTubeやＳＮＳ、そしてＷＥＢマガジン「math channel マガジン(https://magazine.mathchannel.jp/)」で発信している話題を厳選し、この本全体を通して「算数・数学の楽しみ方の全体像」が見えてくるような構成に仕上げました。

第1章では「今からでも算数・数学好きになれる」と題して、まずは算数・数学が好きな人(算数・数学ファン)がどういうきっかけで数学を好きになったのかや、そこから見える算数・数学の楽しみ方のコツをお伝えします。

以降は具体的な算数・数学の話題に入り、第2章は「生活の数学をおもしろがる」と題して、まさに生活している中で無意識に触れているものに潜んでいる算数・数学の話題を紹介、第3章は「遊びの数学をおもしろがる」と題してスポーツや遊び、アートなどに関連する算数・数学の話や算数・数学をちょっと変わった視点で取り入れた話題を紹介します。

第4章は「使える数学をおもしろがる」と題して、役に立つ算数・数学の話題をご紹介。少し難しい話題もあるかもしれませんが、知らないうちに使っている考え方ややり方が、実は算数・数学と関係していた、という発見もあるかもしれません。

そして第5章は「解くプロセスをおもしろがる」と題して、算数・数学の問題をいくつか紹介しつつ、その問題の魅力をご紹介します。解こうとせず、読み進めてもらうことがこの章での算数・数学の楽しみ方です。
最後に第6章は「楽しく数学を学ぶコツ」と題して、今から始めることができる、気軽に楽しめる算数・数学への触れあい方をご紹介しています。

僕も含めて全部で9人のマスチャンネルのメンバーがこの本の執筆を担当しました。目次のあとにプロフィールが載っていますので見ていただけるとわかると思いますが、それぞれ違った立場・切り口から算数・数学の楽しさを届けている人たちです。ぜひ、それぞれの個性を楽しみながら読んでいただきたいです。

あなたにとって、この本が「今からでも算数・数学が楽しめるんだ」と思えるきっかけになりますように。

目次

見えないところで活躍する三角形／クレジットカード番号に潜む算数・数学／天井の高さを測れる意外なアイテム

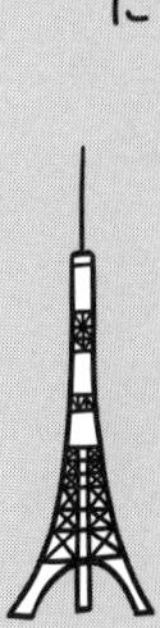

第3章 遊びの数学をおもしろがる

じゃんけんに潜む確率／確率と仲良くなる近道は、「野球」にあり？／私たちに身近なシンメトリー／一筆書き「できる・できない」を完全攻略！／「わらしべ長者」はもっとお金持ちになれたのか？／お菓子な算数／コラム 迷路の中の数学

A
B

著者プロフィール

横山明日希★株式会社math channel代表取締役。大学生の時から「数学のお兄さん」として小さな子どもから大人まで幅広く算数・数学の楽しさを届けている。

沼 倫加★算数デザイナー。math channelマガジン編集長。東京大学大学院で宇宙の研究をした経験を活かし、math channelにて算数や宇宙の楽しさを伝える活動をしている。

洪 愛舜★math channelマガジンデスク担当。育児・教育ライター/編集者。2人の子育てをしながら、主に育児・教育系の雑誌やwebメディアの企画、構成、取材、執筆や、書籍の編集・執筆に携わる。

滝澤 幹★御三家筑駒中学受験専門塾にて指導歴30年。「算数の楽しさは正解だけではない」「すべての小学生に算数の難問を解く楽しさを知ってほしい」という思いで活動している。

吉田真也★算数のお兄さん。算数クリエイター。大学院では算数教育を研究し、その経験を活かして、触れているうちに自然と算数が学べるゲームや工作などの教材開発を行っている。

河野 梓★math channelで算数パズルやなぞときなどのコンテンツ制作を行っている。「生きる力を育む」をコンセプトにした塾や地域の子育て支援などを通して、日々子どもと触れ合っている。

宍倉一徳★英語指導の経験をもとに、math channelで算数×英語など教育に役立つ記事を発信している。教育心理学、CLIL(内容言語統合型学習)・教科横断型学習などに関心がある。

三浦 章★math channelの数学博識王。大人も数学を楽しめる数学教室を定期的に開講。数学的背景のあるパズルに興味があり、その内容の発信にも関心がある。

渡辺純華★math channelの事業推進統括。教育系企業での経験からコンピテンシー(資質や能力)の育成に関心があり、「主体性を育む算数や数学」を広げる活動をしている。

第1章

今からでも算数・数学好きになれる？

みなさんはいつ頃から数学に対して、「好き」とか「苦手」を感じていたでしょうか？

それはどんなきっかけや理由があったのでしょうか？

第１章では、math channelが行ったアンケート結果から、「どうして算数・数学は嫌われやすいのか」「いつから嫌われやすいのか」を見ていきたいと思います。

反対に「いつから算数・数学好きになったのか」「どうして算数・数学好きになったのか」も見ていきます。

そして、最後に大人になった今から数学を好きになるにはどうしたらいいか、math channel的なアドバイスができればと思います。

みなさんもご自身の経験を振り返りながら考えてみてください。

1-1 算数・数学を好き or 嫌いになるのはいつ？

横山明日希

✣算数が嫌いな幼児はいない!?

まず、算数・数学を好きになってもらう前に、これまでの算数・数学との関係を見つめなおしてもらおうと思います。算数・数学が嫌いな人はいつからそう感じているのでしょうか？

math channelでは、２０１９年に「算数・数学に対する意識調査」というアンケートを実施しました。ＳＮＳを中心に呼びかけ、４９２名の方の回答をいただきました。算数・数学が嫌いになった時期は43％が「中学校」、26％が「高校」となっていて、7割近くが中学校以降に嫌いになっていることがわかります。

Q 算数・数学を嫌いになった時期はいつですか。

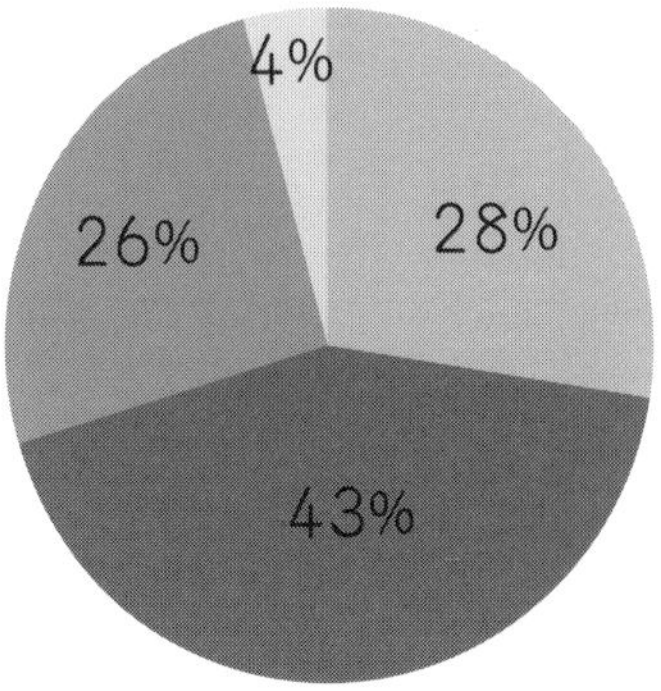

■ 小学校 …28%　■ 高校 …26%
■ 中学校 …43%　■ 高校卒業以降 … 4%

算数・数学が嫌いな人は

43%が中学校在学中に嫌いになっている

2019年版「算数・数学に対する意識調査」ⓒmath channel

また、特記すべきこととして、「算数・数学がかなり嫌い」と答えた人で「小学校入学以前から」と答えた人はなんと0人(!!)、「まぁまぁ嫌い」と答えた人の中に1人いるだけで、「小学校入学以前から算数が嫌い」と答えたのは全体の0・2%にすぎないのです。

つまり、小学校入学前の時点では、ほとんどの人が算数に対してポジティブな印象を持っているということ！

ここに、算数・数学を好きになるヒントが隠されているように思います。

❖算数・数学嫌いは、「不得手な分野」のせい!?

それでは、「算数・数学が嫌い」と答えた方のその理由を見ていきましょう。

〈小学生の頃からの人〉

●長期休暇中、学校の宿題とは別に母が買ってきたドリルが難しく、間違えると叱られたため(32歳、社会人)

●かけ算の筆算からわからなくなりそのまま泥沼だった。今となってもよくわからな

い（25〜29歳、社会人）

●テストでいい点を取れなかった。計算が嫌いだった。割合がさっぱりわからず、ものすごく苦手意識があった（35歳〜39歳、社会人）

●小4か5年の代数がわからなかった。なぜ○や△で置き換えて考えなければならないのかわからなかった（40〜44歳、社会人）

〈中学生の頃からの人〉

●それを解くことがなぜ必要なのか、人生にどう作用するのかがわからず、自分事化できなかった（44歳、社会人）

●理解が追いつかなくなり、そのままそれを取り戻す機会がなかった（40〜44歳、社会人）

●証明問題という、言葉で説明するということに違和感があった（45〜49歳、主婦）

〈高校生の頃からの人〉

●中学までは割と得意だと思っていたが、高校から難しいと感じたから（23歳、大学

院生）

●三角関数にて数字以外のものを使わないと数字を扱えないことにやり場のない人類の敗北感とやるせなさを感じて、数学を知ることはすべて無駄だと思うようになった（30～34歳、社会人）

●関数のあたりから苦手意識を持つようになった（20～24歳、大学・短大・専門学生）

●全くわからなかったから、嫌いというか正確には「わからない」から面白くない、楽しみ方がわからないと言った方が正しい（25～29歳、社会人）

「算数・数学が嫌い」と答えた方のコメントを見ていると、どの時点から嫌いになった人も共通して「不得手な分野が出てきたことで嫌いになった」という方が多いことに気づきます。

中には、「わからない分野が段々と増えていき、処理するスピードが追いつかなかった」という方も……。

また、「算数・数学を学ぶ意義を見出せない」「算数・数学が何のために存在するのかわからない」という理由から、モチベーションを失ってしまった方も多く見られました。

もし、苦手な分野が出てきたときにすぐ「身近な人」がサポートしてくれていたら、苦手になってしまうのを避けられた可能性もあるかもしれません。

「もう手遅れだよ……」と思う人がいるかもしれませんが、安心してください。私たちmath channelがサポートします。第2章からは、今からでも楽しめる算数・数学を紹介していきます。第6章では、好きにつながるツールも紹介します。

❖算数好きはいつから？

反対に、好きな人はいつから好きになったのでしょうか？

14％が「小学校入学以前から」、46％が「小学校の頃から」で、半数を超える60％が「中学に入る前から算数が好き」と回答しています。

つまり、「数学」になる前の「算数」の時代から好きだった子が、その後もずっと好きでいる、という状態です。

Q 算数・数学を好きになった時期はいつですか。

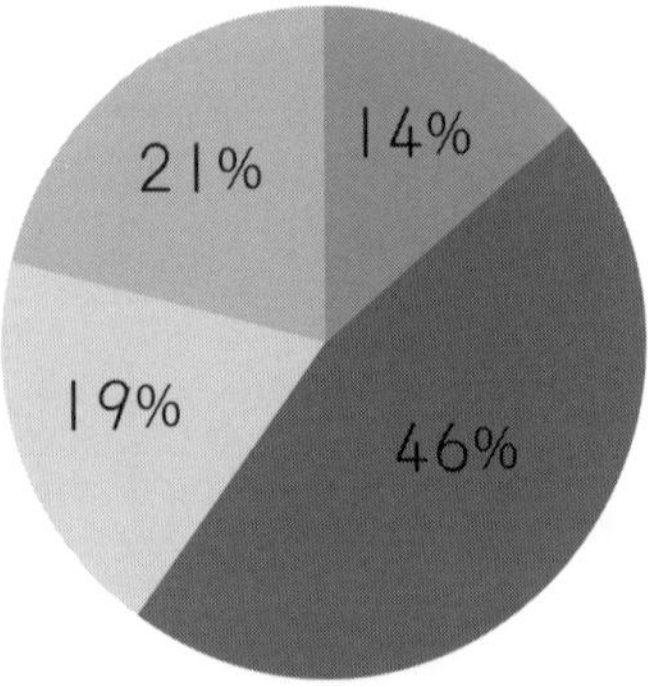

- 小学校入学以前から …14%
- 小学校 …46%
- 中学校 …19%
- 高校以降 …21%

算数・数学が好きな人は

60%が中学校入学以前に好きになっている

2019年版「算数・数学に対する意識調査」ⓒmath channel

✣身近な人との関わりがカギを握る

では、どんなきっかけで好きになったのか？　理由を見てみましょう。

〈小学校以前からの人〉

●1÷2、3−4など、幼稚園や小学校低学年の頃に学校で教わらないことを親と話しているうちに好きになった（27歳、社会人）

●幼稚園のときからパズル的要素のゲームが好きだった。将棋もその頃からしていた（25〜29歳、社会人）

●たぶん、小学校の体験入学で「ひし形！」と答えて褒められたこと（50〜54歳、社会人）

●数字が好きでした。なんでも数えて、並べて、遊んでましたね（55〜59歳、社会人）

〈小学生の頃からの人〉

●学校の作図の授業で、解けた人はどんどん難しい問題に取り組ませてくれたのがと

ても楽しかった（48歳、社会人）

●父親と、「ピラミッドを作るための必要なレンガ数は？」という問いを一緒に考えてから（25～29歳、社会人）

●中学受験勉強でテストの解き直しで、わからなかった問題がわかったときの爽快感から好きになった（20～24歳、大学院生）

〈中学生の頃からの人〉

●塾の先生の説明がわかりやすく、テストでどんどん点が取れるようになったから（19歳、大学生）

●中学2年生の頃、数学の先生が授業内で軽く虚数について触れ、複素数を調べていき、ロマンを感じた（15～19歳、高校生）

●中学のとき、数学とは別に数学パズルや大学入試レベルの問題を中学の知識で解くような授業があり、頭をフル回転させて解く感覚が好きだった（20～24歳、大学・短大・専門学生）

こうやって見てみると、

●小学校入学以前、もしくは小学生時代に好きになった人は、保護者など身近な大人との日常の何気ない関わりの中で算数を好きになった

●中学生からは、学校や塾の先生が数学の面白さを実感できるアプローチをちりばめてくれたおかげで数学の楽しさに気づいた

という人が多いようです。

子どもの頃の環境が影響していたと知って落ち込んだ人もいるかもしれませんが、これからはこの本で、私たちが算数・数学の面白さをお伝えします！

1-2 そもそも、小中高の算数・数学は何のためにやっていたのか？

横山明日希

算数・数学に関わる仕事をしていると、生徒からも保護者からも聞かれる質問に、「算数や数学って何のためにやっているの？」というものがあります。

実際に、1―1で「算数・数学が嫌い」になった理由として、実用性がわからないという回答がありました。非常に繊細な問題なので、一言で答えるのは難しいものですが、いくつかの視点で考えたいと思います。

まず、小学校、中学校、高校で学んできた算数・数学は2つに分けられます。

●役に立っていることが実感しやすい算数・数学
●役に立っていることが実感しにくい算数・数学

前者の代表的なものといえば四則演算、つまり計算です。計算は日常で役に立ったと実感している人は多いはずです。私生活の中でいうとお買い物の際のお金の計算や生活費の計算、料理の際の材料の計算、待ち合わせ場所までの所用時間の計算など。仕事の中でもお金の計算はありますし、仕事内容によっては在庫の計算などを求められる方もいることでしょう。

近年、計算はコンピュータに任せればいい、という話もよく話題になりますが、そもそも何を計算しなければいけないのか考えるのは人の役割であることは変わらないはず。前者に該当するものとして、単位など「測る」ものも頻繁に使うことでしょう。これらは、「役に立っていることが実感しやすい算数・数学」です。

では、後者に該当する「役に立っていることが実感しにくい算数・数学」にはどんなものがあるのでしょうか。少し話を広げてしまいますが、これもいくつかに分けることができます。

①日常で自然に使っている算数・数学

②日頃から恩恵を受けているが、人によっては使わない算数・数学
③もしかしたら将来、役に立つ可能性が出てくる算数・数学

①は強いて単語で表すならば「数学的思考力」や「空間認識能力」などが挙げられるでしょう。数学的思考力は論理的に物事を考える力や、物事を抽象的にとらえたり具体例を考えたりする力、情報をわかりやすく整理する力などいろいろな力のことを指します。これらは日常の中で意識せずに自然と使っている力なので、ちょっと身近に感じられない方も多いはずです。

また、算数・数学を学ぶときに「数学的思考力を身につけましょう」と直接的に言われて学んでいるわけでもないので、学んだという感覚がないという方も多いはず。空間認識能力についても図形の問題を解くうえで明確に意識して学んでいるわけではないので、これまた学んだという感覚がない方も多いはず。こういった理由で、学校で学んだ算数・数学がどこに役立っているか実感が持てないというわけです。

続いて②については、一言でいうと、それを「日常生活を送るうえで必要なさまざまな物は、算数・数学によって支えられているが、作る側の立場ではないので、とりわけ

意識をしていない」のです。

例えば建物を作るときには設計図が必要です。その設計図には、緻密に計算された材料の大きさや配置が描かれています。頑丈で大きな建物を作るためには数学の専門的な知識が必要になってきます。いわゆるさまざまな職業の専門家は、専門的な数学を使っており、専門家ではない人たちは知らないうちにその数学の恩恵を受けている、という構造になっているのです。

最後に③について。特に大学などの専門機関で、もっというと数学の研究者が現在取り組んでいる最先端の研究では、「まだ世の中のどこに役に立つのかはわからない」ようなことも多くあります。そもそも、何かの役に立つというわけではなく、その分野で新しい発見をどんどんしていくために研究をしていると考えると自然かもしれません。このあたりは少し難しいので本書で触れるのはここまでにしておきます。

私たちは、意外と算数・数学を自然に駆使して生きているものなのです。身の回りをながめてそのことに気づくと、ちょっと算数・数学が面白くなってきます。具体的な例は第2章以降で紹介しますので、お楽しみに。

1-3 算数・数学を好きになる方法は？

横山明日希

では、算数や数学をどうやって楽しんだらいいのか？　どうやったら好きになれるのか？　今から楽しむために必要なマインドを、いくつか提案させてください。

❖ゲームのようにプロセスを楽しむ

math channelのメンバーで「どうして算数や数学を好きになったのか？」というアンケートの結果を踏まえてさらに掘り下げました。

すると、私たちmath channelのメンバーで共通することがいくつかありました。その中の1つが、「解くという過程（プロセス）自体が楽しい」と感じる人は、算数・数学が好きになるのではないか、ということです。

ではこの「プロセスが楽しい」というのはどういうことなのか。一番わかりやすいのは私たちによく馴染みのある「ゲーム」です。例えばＲＰＧゲームをやっているとき、強いキャラクターを育成することや、ゲームをクリアすることがプレーヤーたちの目標です。でも、そうした結果を得ることだけが果たしてゲームの楽しさなのでしょうか？　そんなことはないですよね。モンスターを育成する過程や、ゲームの中で冒険する体験が楽しくて、ついついゲームに手が伸びてしまうはずです。

また、最近YouTubeでは「ゲーム実況」が人気です。これは、配信者がゲームをしている様子が実況される、というものなのですが、ゲームクリアを達成することだけが目的なら、そもそも自分自身でプレーしていない実況動画を見てもつまらないはずですよね。ゲーム実況が人気なのは、ゲームをしている過程を見ることがわくわくするからではないでしょうか。

話を学習に戻すと、勉強もゲームと似ているところがあります。例えば小学生の頃、理科や算数、音楽や体育などさまざまな科目を学習する中で、「学ぶことって楽しいな」と感じた経験はないでしょうか。「知的好奇心」という言葉がある通り、新しいことを知ったり、できるようになったりする過程はもともと楽しいはずなんです。算数・数学でいえば、「問題を解くこと」「理解すること」がゲームクリアだとしたら、「それに至るまでの思考の過程」がゲームのプロセスであり、新しいことができるようになる「わくわくする時間」です。

でも、「問題を解くというプロセスが苦痛なんだよ」という人もいるかもしれません。そんなときは解説を読むだけでももちろんOKです。ゲームであれば攻略法のまとめサイトを見てみることと同じ。なんとなく理解してから、もう一度問題やゲームに向かってみると、さっきよりも何歩か前進した気持ちになれます。最初から最後まで全部自分の力だけで進もうとしなくても大丈夫です。

❖自分で問題を作る

ほかにも共通していて面白いと感じた意見が「問題を作ること」です。算数・数学となると問題を解く、というイメージが強いですが、実は問題を作ることも楽しいのです。何か問題を見たときに、もちろん解くことも楽しいのですが、自分でその問題をアレンジしてみることも楽しさの1つ。自分で作った問題を誰かに解いてもらうということも実はとてもいい経験で、その経験が算数・数学を好きになるきっかけにもつながっているのです。

問題を作る、というと少しハードルが高いと感じる方もいるかもしれませんが、実は問題を作ること自体は簡単です。例えば、

25＋35＝

というたし算の問題。数を変えれば別の問題になります。登場人物や数を変えればとたんに別の問題になるわけです。ちょっとしたアレンジですぐに新しい問題を作ることもできるのです。

数字の入れかえだけではもの足りない人は、身近なことや興味のあることについて、問題を作ってみると、よいでしょう。例えば、こんな問題はどうでしょう。

鈴木さんは、会社懇親会の幹事をしています。

この会社は、営業部が25人、製造部が35人、総務部が12人いますが、総務部のうち、

3人は製造部と兼務、2人は営業部と兼務しています。さて、懇親会は何人で予約すればいいでしょうか？

このような身近な例でも問題を作ることができます。ただ問題を解くだけでなく「問題を出す」という楽しさもぜひ経験していただきたいです。

❖とりあえず話だけでも聞いてみる

先ほどは問題を解く、という話をしましたが、問題に触れることだけが算数・数学ではありません。単純に算数・数学の面白い話を聞くことも、立派な算数・数学の楽しみ方です。

いわゆる雑学のような、問題を解くうえでは役に立たないかもしれませんが、知っておくとちょっと得した気持ちになれるような算数・数学の話題は世の中にたくさんあります。例えば、算数・数学の発展に関する歴史の話や、身の回りに潜む算数・数学の話、ちょっと不思議な体験ができる算数・数学マジックなど。

算数・数学に対して苦手意識を持っている人にとって、こういった雑学に触れてみることで、「意外と算数・数学って楽しいのかも？」と思えることは大事な経験かもしれません。

❖わからないことを楽しむ

算数・数学を好きになれる方法として、一番大切なことは「わからないことを楽しむこと」です。

どうしても算数・数学を学んでいると、わからない問題も出てきます。

実は、このわからないことと向き合うことも、算数・数学を楽しむチャンスである、と考えてみてほしいのです。

再びゲームで例えてみましょう。例えば、アクションゲームで遊ぶとき、途中で負けてしまっても、「くやしい！」と思うと同時に「ここまではできた！」といったプラスとマイナスの気持ちが生まれるはずです。この「ここまではできた！」という気持ちを持ちながら少しずつ先のステージまで進んでいくことで、達成感や充実感が生まれていきます。

「ここまではできた！」という気持ちに意識が向くと、「次はどうやってクリアしようか」とか「もう少し難しい問題も挑戦してみよう！」という心の余裕も出てくるはずです。うまくいかないときは、ひと休みしてポッドキャストを聞いてみたり、別の簡単な問題をもう一回解いてみて、時間をおいてみたりするのもおすすめです。

このように、ゲームのように算数・数学と向き合うことができれば、苦手意識も少しずつ取れていくかもしれません。また、算数・数学は幅広い存在で、「え、これも算数・数学なの」と思えるようなものも多くあります。ぜひ、次の章から始まる算数・数学の世界を通して、あなたなりに算数・数学の魅力を体感していただきたいです。そして、今よりももっと算数・数学に好印象を持っていただけたら、幸いです。

長くなりましたが、本章を通してみなさんにお伝えしたかったことは、「長らく苦手意識を持っていてもここから挽回できる」ということです。気楽な気持ちで次の章に進んでいきましょう。

第2章

生活の数学をおもしろがる

まずは、身の回りにある数学を探してみましょう。

毎日の生活や周りを見渡したときに見えるモノや風景の中に、実は数学が潜んでいます。

教科書で学んだ不思議な数式や図も、もしかしたら私たちの生活を豊かにする発明だったのかもしれません。

ここから5つの日常に潜む数学を紹介します。それでは、1つ目からみてみましょう。

2-1

京都の碁盤の目に「無量大数」？

横山明日希

大きな数といえば、無量大数。非常に大きな数を表す言葉で、小学校の教科書でも「大きな数についている名前」として紹介されていて、記憶に残っている人も多いはずです。

1のあとに0を68個並べると「1無量大数」となりますが、あまりにも大きくて身近に感じるのは難しいですよね。1兆は1のあとに0が12個続きますので、1兆の1兆倍の1兆倍の1兆倍の1兆倍の1億倍が「1無量大数」ということになります……という説明をしてもいまいちピンとこないのが正直なところ。

ですが、そんな「無量大数」が意外なところに潜んでいるのです。

例えば「ある地点からある地点まで行くための行き方」に、無量大数が潜んでいます。

次の図のようにスタートからゴールまで進むとしたとき、何通りの行き方があるでしょうか。遠回りしてもいいですが、1回通った道は、交差点も含めてもう一度通ることはできないとします。

下の図のような道のことを、描かれている正方形の数に注目し「2×2マスの道」と呼ぶことにします。

この「2×2マスの道」の場合、スタートからゴールまで行くための行き方は何通りあるでしょうか。遠回りしない場合は数えやすいかもしれませんが、遠回りもあると、数えるのに少し時間がかかるかもしれません。

実際に数えていくと答えは次ページの図のように12通りになります。

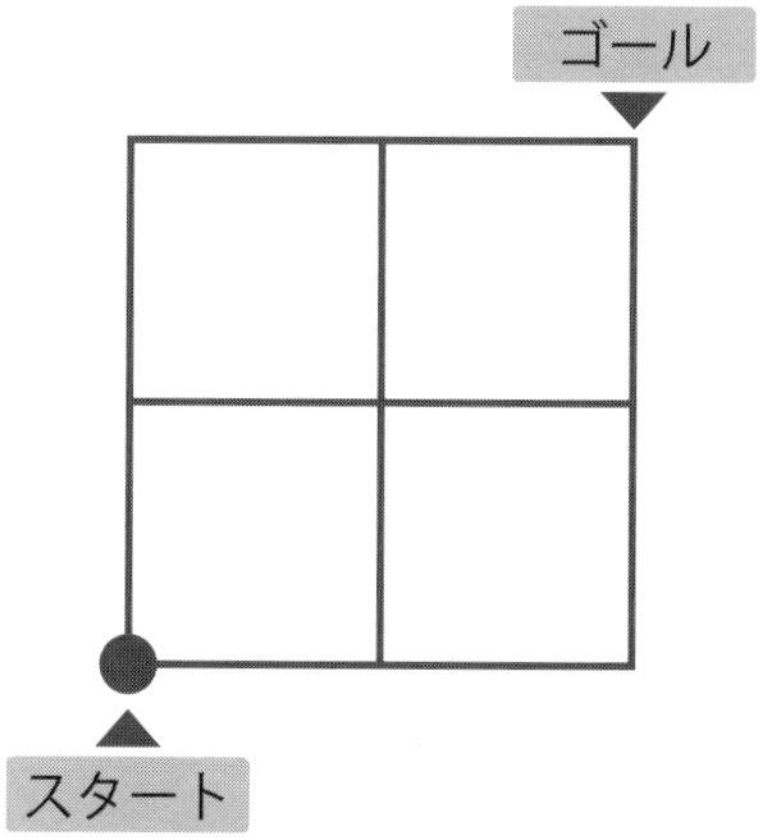

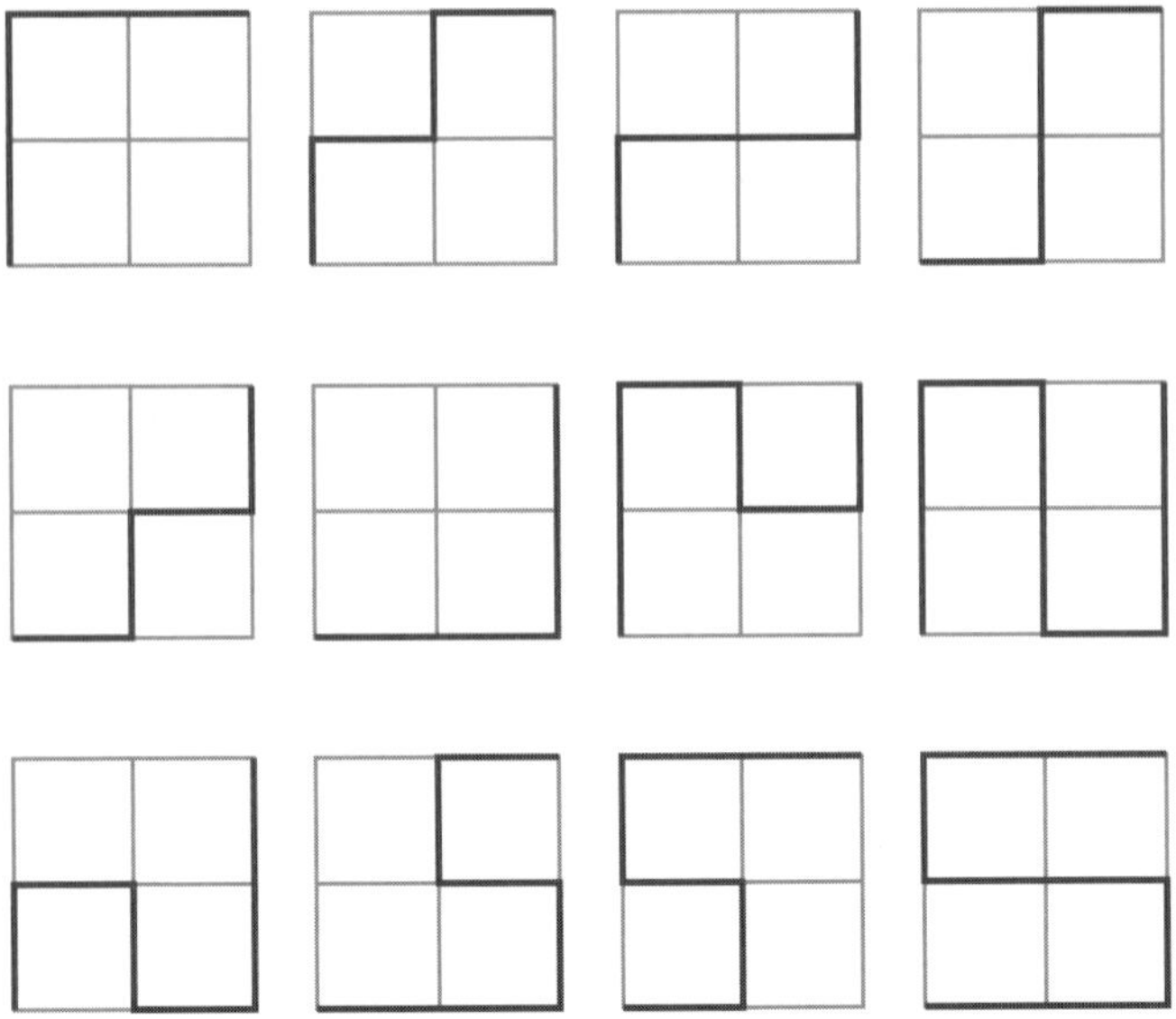

2×2マスの道は数が少ないので、実際に描き出して調べることができます。

❖マスの数がちょっと増えるだけで、一気に行き方が増えていく？

さらにマスの数を増やしていくと、とても大変なことが起きます。3×3マスの場合、何通りとなるでしょうか。

なんと、3×3マスの場合、答えは184通りの行き方があります！　描いて調べるにはちょっと難しいかもしれません。2×2から縦と横に1マスずつ増えるだけで一気に行き方が増えます。

さらに4×4マス、5×5マスと考えていくと、その増え方はとてつもないものとなります。10×10マスまでの行き方の場合をまとめてみました。

1×1マス…2通り
2×2マス…12通り
3×3マス…184通り

4×4マス…8512通り
5×5マス…1262816通り
6×6マス…5億7578万5564通り
7×7マス…7893億6005万3252通り
8×8マス…3266兆5984億8698万1642通り
9×9マス…4104京《ケイ》4208兆7026億3249万6804通り
10×10マス…1秭《ジョ》5687垓《ガイ》5803京4664兆7500億1321万4100通り

2×2マスと3×3マスの場合を比べると184÷12＝15・333……と、行き方が15倍くらいに増えていますが、3×3マスから4×4マスまでには50倍近く増えており、5×5マスではさらに100倍以上増えているのが特徴です。

このように、数が非常に大きくなって答えを出すのが難しくなることを「組合せ爆発」といいます。「n×nマスの格子状の道があり、同じ道を通らずにスタートからゴールまでいく行き方は何通りか」という単純な状況にもかかわらず、nが1つ増えるだけで答えが爆発的に増えていくのです。

ちょっとした余談ですが、「1秒に1通り見つけたとして、すべての場合を数えるのにどれくらいの時間が必要か」を考えてみましょう。

先ほど挙げたように、４×４マスのときを数えた場合は８５１２通りなので、８５１２秒かかります。およそ２時間22分の時間を必要とします。

この時点で、自分で探すことが不可能に近いことがおわかりいただけるかと思います。

さらに５×５マスとなると６３１４０８秒です。つまり、7日と7時間23分28秒。

たった５×５マスの格子状のマスに寝ずに本気で集中して向き合えたとしても、１週間以上かかってようやく数え終わる、というわけです。

（ちなみに６×６マスだと３３３２日、つまり9年以上かかります）

✣そしてついに現れた、無量大数！

そして10×10マスからもう少しだけ増やした、17×17マスの場合を考えると、ついに無量大数を超えます。その数は、

6344814611,2379639713,
1029754079,5524400449,
4439868664,8069364636,
9387855336

です。あまりにも桁数が多いので、10桁ごとにカンマを入れてみました。数えてみるとちょうど70桁の数になり、「63無量大数」という数になるのです！　17×17マスは下のような図になります。

そんなに大きな図でもないのに意外ですよね。

ちなみに京都の道は「碁盤の目」

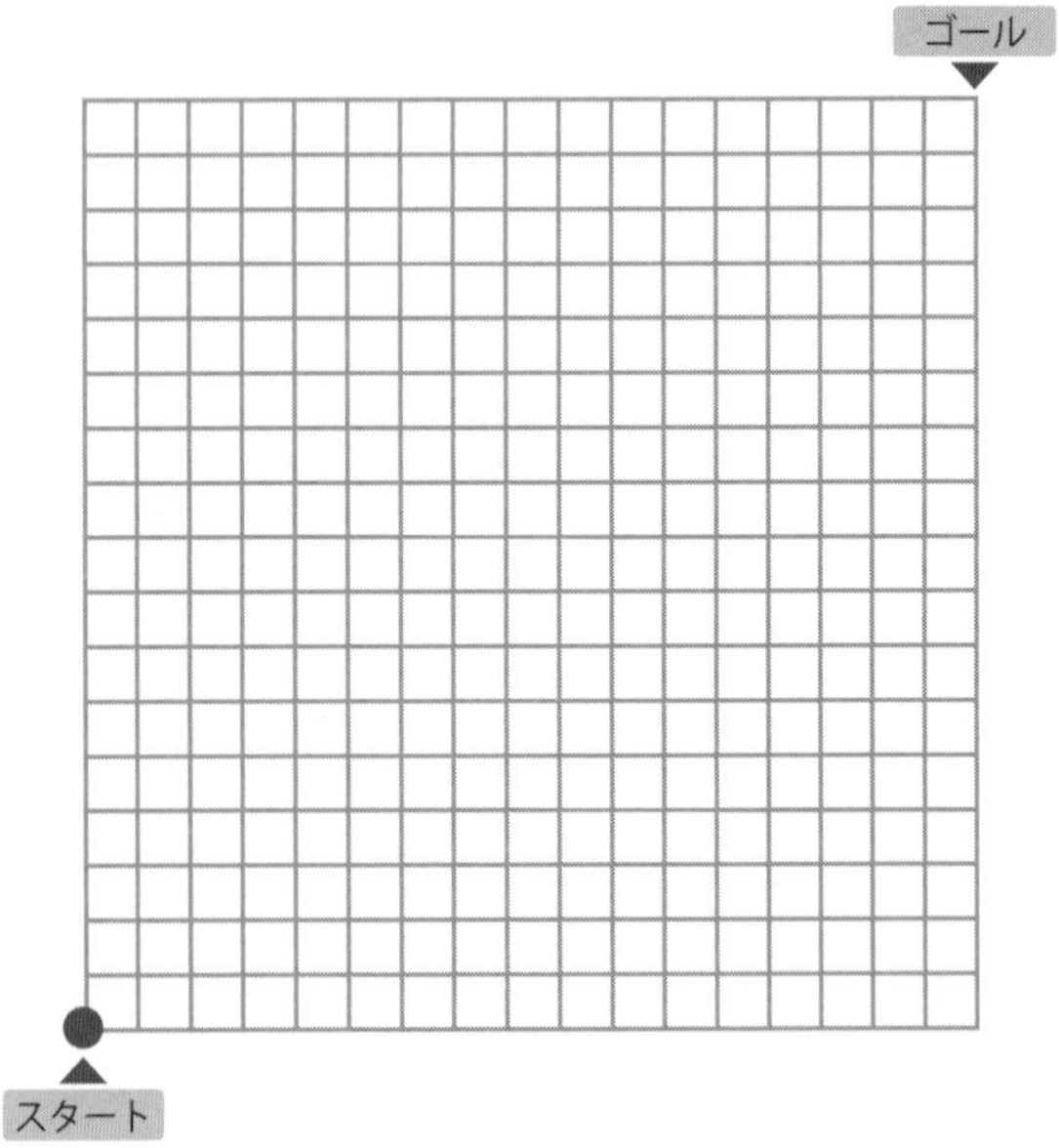

とも呼ばれるほど、きれいに道が縦横に伸びています。上の図よりも、もっと道の数はたくさんあります。つまり、京都の町を、同じ道や交差点を通らずに歩き回ることを考えたときに、その歩き回り方は無量大数通りを超える、ということなのです……！

❖それは意外と身近なところにある

大きな数が意外と身近なところにあることをご理解いただけたでしょうか。

この道の進み方に関する問題は、２０１８年の時点で26×26マスまでの場合までコンピュータを活用し計算されていて、26×26マスの場合は１６３桁もの道順の組み合わせがあることがわかっています。

もしかしたら近々、27×27マスまで計算した、という結果がニュースで取り上げられるかもしれませんね。

2-2

「オクターブ」「オクトパス」の「オク」って何？

沼倫加

次は、数にまつわる言葉をみていきましょう。

数にまつわる言葉にはいろいろあります。みなさんはどんな言葉を思いつきますか？

1つ前のお話に出てきた「無量大数」も算数・数学にまつわる言葉です。

そんな算数・数学にまつわる言葉の1つに「数の接頭辞」といわれるものがあります。

接頭辞とは「単語の初めにつく言葉」のことです。

例えば「トリオ」や「オクターブ」などの言葉に「数の接頭辞」が入っています。もしかしたらこの時点で、何かピンと来た方もいるかもしれません。

それぞれ数には接頭辞があります。「1」〜「10」の接頭辞はこちらです。

1…モノ
2…ジ
3…トリ
4…テトラ
5…ペンタ
6…ヘキサ
7…ヘプタ
8…オクタ
9…ノナ
10…デカ

「トリオ」は、「トリ」という接頭辞を含んでいます。右の箇条書きを参照すると、「トリ」は「3」という意味を表します。実際に、「トリオ」は「三人組」という意味です。

また、「オクターブ」は初めに「オクタ」とついています。前ページの箇条書きを参照すると、「オクタ」は「8」という意味を表します。このことから、「オクターブ」という単語には「8」という意味が含まれていることになります。オクターブとは音階という意味で、1オクターブは「ドレミファソラシド」の8つの音階があります。

❖数の接頭辞が使われた単語にはこんなものがある！

ほかにも、数の接頭辞を含む単語は多く存在します。いくつか挙げてみましょう。

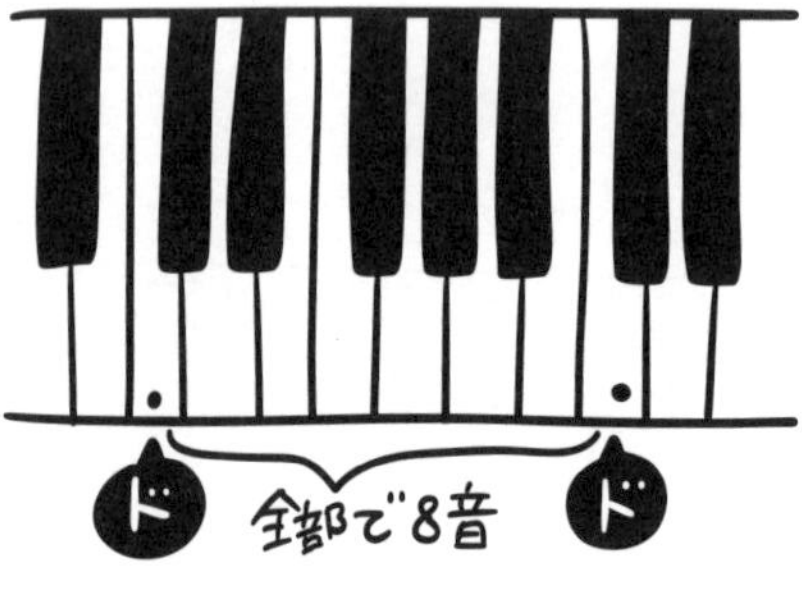

●テトリス→「テトリ（テトラ）」４の接頭辞
●オクトパス→「オクト」８の接頭辞
●トライアングル→「トライ（トリ）」３の接頭辞
●テトラポッド→「テトラ」４の接頭辞
●モノクロ→「モノ」１の接頭辞

ここに挙げたもののほかにもたくさんあります。

❖数の接頭辞から単語の意味を推測しよう

この単語の仕組みがわかると、知らない単

語の意味もある程度推測することができます。ここで1つ問題を出しますので、考えてみてください。

「ヘプタスロン」とはどういう意味でしょうか？　ここに含まれる接頭辞を考えてみましょう。

単語の音も含めて想像してみてください。

ヒントは、トライアスロンです。

答えは、「七種競技」です。ヘプタが7の接頭辞を表します。トライアスロン（3種競技）という単語と合わせて予想できたでしょうか。

このように考えると、オリンピックで行われる十種競技は、何というでしょうか。

「7」という意味の「ヘプタ」の代わりに、「10」という意味の「デカ」を単語の頭につけて、「デカトロン」です。

❖大きな数を示す「数の接頭辞」！

数の接頭辞は、より大きな数にもつけられています。マクドナルドのハンバーガーの「メガマック」やスポーツくじの「MEGA BIG」、さらにはポケモンの「メガシンカ」など
「メガ」という言葉を聞いたことがありますか？　マクドナルドのハンバーガーの「メガマック」やスポーツくじの「MEGA BIG」、さらにはポケモンの「メガシンカ」などいろいろなところに使われていますね。

日常生活でよく見る「メガ」は、実は「１００万」を示す数の接頭辞です！　マクドナルドのハンバーガーの「メガマック」は、普通のハンバーガーの１００万倍の大きさ……ではなさそうですが、一般的に「メガ」は「大きな数」という意味で用いられていることが多いです。

大きさを示す接頭辞はほかにもたくさんあります。
みなさんはいくつ知っていますか？
ちなみに、ロナ、クエタは、２０２２年に新しく追加された数の接頭辞です。

キロ、メガ、ギガ、テラまでは目にしたことがあるかと思います。これらは、スマートフォンやＳＤカード、ＵＳＢメモリなどに使われています。

10倍：デカ（*da*）
100倍：ヘクト（h）
1,000倍：キロ（k）
1,000,000倍（100万倍）：メガ（M）
1,000,000,000倍（10億倍）：ギガ（G）
1,000,000,000,000倍（1兆倍）：テラ（T）
1,000,000,000,000,000倍（1000兆倍）：ペタ（P）
1,000,000,000,000,000,000倍（100京《ケイ》倍）
：エクサ（E）
1,000,000,000,000,000,000,000倍（10垓《ガイ》倍）
：ゼタ（Z）
1,000,000,000,000,000,000,000,000倍（1秭《ジョ》倍）
：ヨタ（Y）
1,000,000,000,000,000,000,000,000,000倍
（1000秭《ジョ》倍）：ロナ（R）
1,000,000,000,000,000,000,000,000,000,000倍
（100穣《ジョウ》倍）：クエタ（Q）

❖数の接頭辞は身近なところにたくさんある！

このように、数の接頭辞を含む言葉は身近なところにたくさん潜んでいます。ほかにどのような言葉に数の接頭辞があるか、調べてみるのも面白いかもしれません。また、デジタル情報の急増により、今後さらなる数の接頭辞が作られるかもしれません。どんな接頭辞が誕生するか、そしてその接頭辞がどんなところで使われるのか、楽しみですね！

2-3

沼倫加

見えないところで活躍する三角形

今度は身の回りにある形について考えてみましょう。

ちょっと想像してみてください。四角形や円はどんなところに使われていますか？
建物やマンホールなど、すぐに思い浮かびますよね。

では、「三角形」はどうでしょうか？　四角形や円に比べて目にする機会が少ないのではないでしょうか？

しかし、実は、見えないところで「三角形」が大活躍しているのです。

❖建物の骨組みで活躍する三角形！

例えば、建物の一部に「三角形」が潜んでいます。東京タワーはその例としてとてもわかりやすく、骨組みが三角形になっています。多くの建物は、縦向きの柱だけでなく、斜めの向きの柱も使用し、三角形がところどころに現れるような設計で作られています。

なぜ斜めの向きの柱を使って三角形の骨組みにする必要があるのでしょうか。

実は骨組みを三角形にすることで、壊れにくい構造になるのです。これは「三角形は、3つの辺の長さを決めると、1種類の三角形だけができる」という「合同」という性質があるためです。骨組みが四角形だと、辺の長

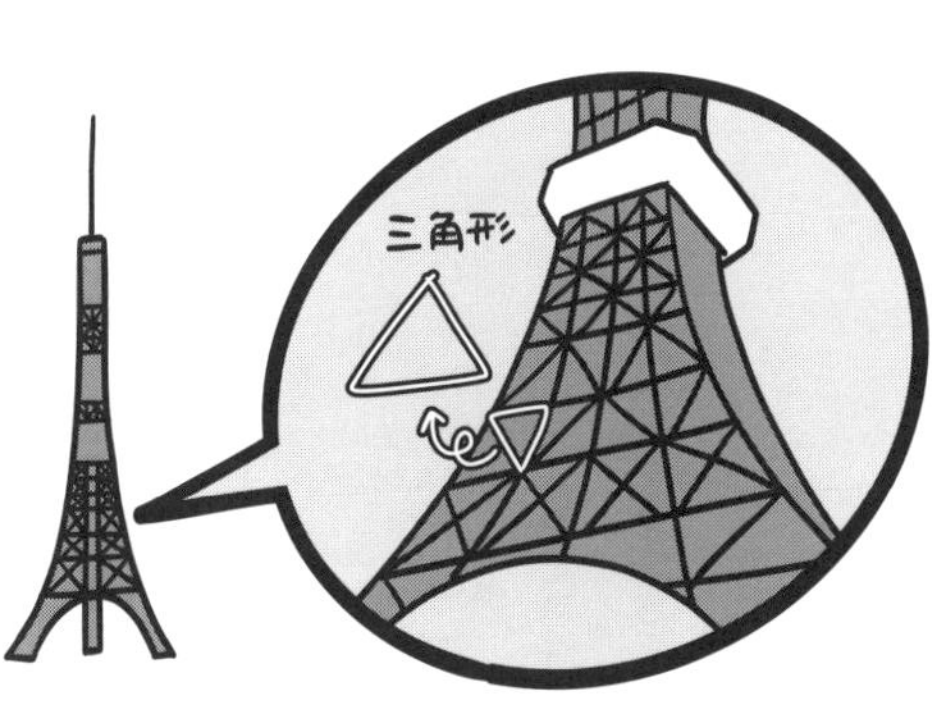

さを決めただけでは角度が自由に変わってしまい、様々な種類の四角形ができてしまうため、骨組み部分からゆがみだし、壊れてしまいます。これは、つまり、四角形よりも三角形の方が、強度があるということです。

❖古代エジプトから三角形が活用されていた

実は、さかのぼること数千年前の古代エジプトでも三角形が活用されていました。辺の長さの比を3：4：5となるようにひもに印をつけ、それぞれの点で引っ張ると1カ所の角が直角の、直角三角形ができ上がります。こうして直角を作り、農地を丁寧に分配していたそうです。これは、三角形の「三平方の定理」と呼ばれる性質を活用しています。

❖高さや距離を測ることもできる、三角形！

三角形はまだまだ活躍します。三角形を使うと、木の高さを測ることもできてしまいます。自分の身長、今いるところから木までの距離、木の頂点までを見上げたときの角度の3つがわかれば、「三角比」と呼ばれる性質を活用することで、求めることができます。

❖三角形は身近なところに潜んでいる！

ここでは、身近に潜む三角形、ちょっと役立つ三角形の話をしました。三角形にはいろいろな種類があり、それぞれの場面で使われている三角形の種類も異なります。三角形に潜むさまざまな性質が社会を支えることで、これからも、三角形が大活躍し続けることでしょう。

2-4

クレジットカード番号に潜む算数・数学

吉田真也

❖時代はキャッシュレス!

普段持ち歩いている人も多いクレジットカードにも算数・数学が潜んでいます。例えば、オンラインショップ等で商品やサービスを購入する際に、クレジットカード番号をサイトの決済システムに登録する場面を考えます。

このとき、もし間違った番号を入力してしまうとどうなるのでしょうか。実は、サイト側がその場で間違いを指摘してくれます。

本当の番号を知らなくても、正しいかどうかだけを判断できる「Ｌｕｈｎ（ルーン）アルゴリズム」と呼ばれる方法を使っています。このマジックみたいな方法のカラクリを紹介します。

❖カードの番号の正誤判定方法は？

例えば「4541 1012 3456 7883」と番号を入力したとしましょう。まずは、この16桁の番号に右から順に桁番号を振ります。

次に偶数番目の桁の数をそれぞれ2倍します。2倍したときに10以上になってしまう場合には、14を１＋４＝５とするように、十の位と一の位に分解して足します。奇数番目の桁の数はそのままにしておきます。

そして「2倍した偶数番目の数」と「奇数番目の数」をすべて足します。例の場合だと合計は「68」になります。

実はこの合計の値で、入力したカード番号が正しいかどうかを判断することができます。合計が10の倍数なら入力が正しく、10の倍数ではないなら間違っているとわかるのです。つまり、この番号は間違いですね。

そこで今度は「4541 1012 3456 7893」という番号を入力すると、合計が「70」となり、正しい番号であると判定されます。先ほどの番号と見比べると、2番目の桁の入力が間違っていたのですね。

もちろん、入力した番号が間違っていたとしても、合計が10の倍数になってしまう、つまり正しいと判断されてしまう可能性は0ではありません。ただ、それが起こる確率はかなり低いため、実際にこのような方法が採用されているのです。

❖数学は人間をサポートしてくれる

クレジットカード番号　4541101234567883

																	小計	
桁番号	16	15	14	13	12	11	10	9	8	7	6	5	4	3	2	1		
カード番号	4	5	4	1	1	0	1	2	3	4	5	6	7	8	8	3		
偶数桁	4		4		1		1		3		5		7		8			
偶数桁の２倍	8		8		2		2		6		1		5		7		39	
奇数桁		5		1		0		2		4		6		8		3	29	
																	68	合計

①右端から左方向に桁番号を付ける
②偶数番目の桁の数を２倍する
③2倍した偶数番目の数を足す　8+8+2+2+6+1+5+7=39
④奇数番目の数を足す　5+1+0+2+4+6+8+3=29
⑤③の結果と④の結果を足す　39+29=68
⇒⑤の結果が10の倍数ではないので間違い！

今回はクレジットカードを例に、入力された番号が正しいかを判定する方法を紹介しましたが、ほかにも商品を買うときに読み込むバーコード（JANコード）にもこの方法が採用されています。

算数・数学と聞くと、難解な記号や数字が並んでいて無味乾燥なイメージを持つ方が多いと思いますが、今回のように正しい／間違いの「判定」にも応用されるなど、人間の行動をサポートしてくれる一面を持っているのです。

2-5

天井の高さを測れる意外なアイテム

吉田真也

数学は、自分よりもスケールの大きいものを調べたいときにも活用できます。例えば「美術館やオフィスのエントランスなど、高層建築物の天井の高さ」を測りたいとしましょう。高度な機器を使わずに、床から天井までの距離を計測するにはどのような方法があるでしょうか。前提として、巻き尺は使えることにします。

❖素朴な方法も意外と大切

まずは、風船と糸を使う原始的な方法から紹介します。すでに予想がついているかもしれませんが、その通り、風船に糸を括りつけて天井まで飛ばす方法です。空気だとなかなか天井までは飛ばないので、遊園地で売られているように、中にヘリウムガスを入れれば解決です。風船が天井に着いたら、床と接地している箇所で糸をカット。そして風船を回収し糸の長さを計測すれば、おおよその天井の高さがわかります。(風船分の長さも加えた方がより正確です)

とても原始的な方法ではありますが、数学の大切な考え方が含まれています。それは、求めたいものを別のもので置き換えるという考え方です。

例えばxやyを使うことで知られる「方程式」。求めたい値を文字で仮におくことで、機械的な計算で求められます。今回の場合だと、天井の高さを糸で置き換えることによって床の上で巻き尺を使った計測が可能になるわけです。

❖数学を使う方法も紹介します！

次に、少し数学を使う方法を紹介します。なんと、用意するものは折り紙1枚のみ。

まずは折り紙を対角線で半分に折り、三角形(正確には直角二等辺三角形)を作ります

（図1）。そして図2のように、三角形の辺BCが床と平行になるように手で持ちます。その後、角Cを目の位置まで近づけ、辺ACの延長線上に「天井と壁の境目」が来るまで、床との平行を保ったまま壁際から中央に向かって移動します。最後に、「壁から止まった位置までの長さ（B′C）」と「目から床までの長さ（B′H）」を計測して合計すると、それが天井の高さになっています。

ざっくりと理由を説明しましょう。折り紙で折った三角形の形に注目します。この形は直角二等辺三角形といい、その名の通り2つの辺ABとBCが等しい長さになっています。次に大きな三角形A′B′Cに注目すると、実は

図1

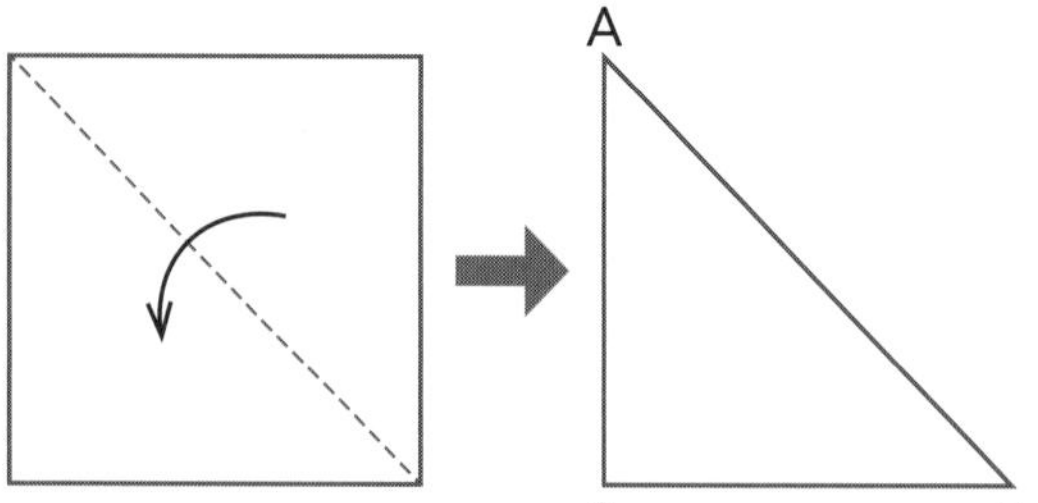

この三角形も直角二等辺三角形。これは、折り紙を床と平行に持っていることにより、折り紙の三角形と「形」が同じになっているからです。数学の用語では、この大小二つの三角形の関係を「相似」と呼びます。

求めたいのは天井の高さだったので、これをA′B′とB′Hに分けて考えます。まず、A′B′は先ほどの理由によりB′C、つまり壁から止まった位置までの長さと同じになります。残りのB′Hは目から床までの長さですね。すると、B′CもB′Hも巻き尺で計測できるので、両者を合計すれば天井の高さになるわけです。

図2

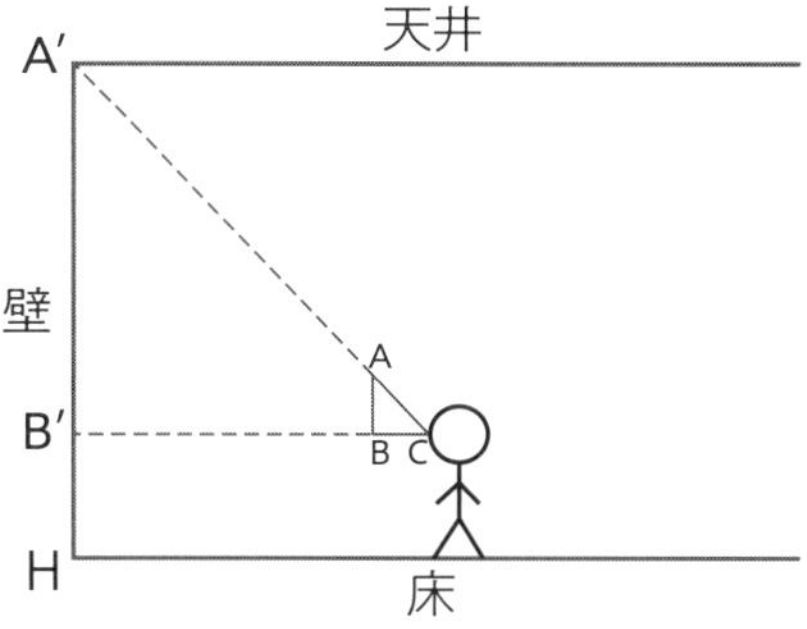

✣数学のパワーを感じてみよう！

天井の高さを計測する方法を２つ紹介しました。原始的な方法と、ちょっぴり数学を使う方法がありましたが、どちらが好みでしょうか。本当にそうなるのか、ぜひ実践してみてください。

面白いと感じた方は、さらにスケールの大きいものを測ってみてはいかがでしょうか。きっと数学のパワーを感じることができるはずです。

ここまで、身の回りにあるものに潜む数学を紹介してきました。道や建物など大きなものからクレジットカードなど小さいもの、そして物の名前にまで、日常は数学であふれているということが伝わったでしょうか。

第3章

遊びの数学をおもしろがる

第２章では、数学が、街や家の中など、日常の生活空間にたくさん潜んでいることを紹介しました。

これまで意識して見ていなかっただけで、数学は身の回りにたくさんありました。そこに気がついたなら、数学を楽しむコツをつかみはじめたと言えるかもしれません。

第３章では、「遊び」の中にある数学を紹介していきたいと思います。趣味やエンターテインメントの中にも、数学があるとわかったら、なんだかおもしろくなってきますよね？　もう一段深い数学の世界へ、一緒に入って行きましょう。

3-1 じゃんけんに潜む確率

渡辺純華

おそらく読者全員がルールを知っていて、実際にやったことがある「遊び」といえば、じゃんけんですよね。

実はじゃんけんは、数学を身近に感じるのにピッタリのテーマです。

ここでは、直感に反する（かもしれない）じゃんけんの奇跡について紹介します。

❖起こらない確率ってどれくらい？

本題に入る前に1つ質問です。どのくらいの確率だと、「それはなかなか起こらないだろうな」と思いますか？

例えば、「確率33％」で抽選に当たると聞くと、「起こる確率は高くないけど当たってもおかしくない、運がよければ当たる」と感じるでしょうか。

では、「確率5％」はどういう印象を持ちますか？「奇跡が起きれば当たるかな、でも普通に考えれば当たらないだろうな」と、当たらないことを前提に考えるでしょうか。

次に、「確率0・5％」と聞くとどうですか？「当たれ！」と念じることよりも、「どうせ当たらないよ」ともはや諦めがつく確率ではないでしょうか？

おそらく、我々が持っている確率に対する感覚はこんな感じだと思います。

❖じゃんけんの確率を調べてみると驚きの結果に！

では、じゃんけんについて考えてみましょう。

2人でじゃんけんしてあいこになる。これは誰しも経験がありますね。この確率を計算してみると実は33%。思ったより低いでしょうか？

続いて、2回連続であいこになる。これもまあまあ、ありますよね。この確率は11%です。

このまま計算を続けていきます。

3回連続であいこになる確率は3・6%

4回連続であいこになる確率は1・2%

5回連続であいこになる確率は0・4%

いかがですか？

「え、3回連続であいこなんて何回も経験したことあるよ」と思いませんか？

「あいこ5回って起こることもありそう」と思いませんか？

このあたりで、直感とのズレに気づいたと思います。

先ほど、確率5%は「普通に考えれば当たらない」とイメージしたのに、じゃんけんで連続３回あいこになることは、「ありえそう」と感じますね。理論上は、５％より確率が低いにもかかわらず。

そしてさらに、確率０・５％は、「どうせ当たらないよ」と諦めがつくイメージなのに、じゃんけんで５回連続あいこは「意外とありえそう」と感じる人もいるはずです。こちらは前ページで触れたとおり、理論上は０・５％より低い確率なのです。

これまでの経験から確率を考えると、計算上の数字とはちがう見方ができそうですね。ちなみに連続であいこになる確率、５回連続が起これば、10回、15回も起きるのか、というと、そうではありません。実際にやってみるとよくわかりますが、10回連続であいこになるのは、１００万回試して16回ほどの確率で、パーセントで表すと約０・０００１６％となります。15回連続であいこになるのは５００万回に１回です。

１００万回、５００万回とじゃんけんをするのはもはや無謀ですね。無作為に起きる確率としては、きわめて低い確率となります(無作為とは、偶然に起こること、意図的に手を加えてないことをいいます)。

500万分の1というのは、宝くじを1枚だけ買って、1等に当たる確率とほぼ同じです。こんなことが頻繁に起きていたら、みんな億万長者です。

❖じゃんけんに負け続ける理由の仮説が誕生!

ここから1つの仮説が誕生します。

特定の相手とじゃんけんをして、何回もずっと連続で負けている人はいませんか?3回連続ならまだ偶然かもしれませんが、10回、15回と、何回やっても負けている場合、相手があなたのじゃんけんの手を読んでいる可能性が高いです。

いつも無意識に出している手がないか思い出してみて、そして次こそはちがう手を出してみてください。もしかすると、連続負けを阻止できるかもしれません。

3-2

洪愛舜

確率と仲良くなる近道は、「野球」にあり？

3−1では、じゃんけんに潜む確率を紹介しました。身の回りには、ほかにも様々なところに確率が潜んでいます。ここからは、その1つである「野球」に着目して紹介していきます。

❖野球に触れると確率と仲良くなれる？

実は「確率が得意」という人に共通することがあります。それは「野球」です。子どもたちの中でも確率が得意な人に聞いてみると、「野球が好き」だったり「野球をやっている」という人が多い印象があります。

なぜ、野球が好きな人は確率が得意なのでしょうか？　その理由は、野球ではよく「確率」が扱われているからではないかと考えます。

❖打率「3割1分8厘」は、何パーセント？

プロ野球のニュースなどで、野球の打率が「何割何分何厘」といった表記がされているのを見たことがある方も多いでしょう。例えば、2022年のシーズンで三冠王を達成し、「村神様」が流行語大賞にも選ばれたヤクルト・村上宗隆内野手の2022年最終成績は、打率3割1分8厘でした。

この「何割何分何厘」は、パーセントで表すとどうなりますか？　1割は10%、1分は1%、1厘は0・1%を指します。

よって、村神様のシーズン打率「3割1分8厘」は、31・8%＝0・318になります。

1割＝10%＝0.1＝1／10、1分＝1%＝0.01＝1／100、1厘＝0.1%＝0.001＝1／1000

分数や小数は、現在の学習指導要領では小学３年生から６年生までの間に段階的に学んでいきます。一方で、野球が好きな子どもたちは早い段階で「０・００１」や「１／１０００」というレベルの小数や分数を既に理解しているということになります。これが、「確率が得意！」の秘訣かもしれませんね。

❖打率はなぜこんなに細かく表記されるの？

そんな打率や安打数ですが、「なぜ打率はこんなに細かく表記されるのだろう？」とか、「安打数はどれくらいだとすごい記録なのだろう？」と疑問に思ったことはないでしょうか？

実は、これらはプロ野球選手の打席数を考えてみることで答えが見えてきます。ではここで、１人のプロ野球選手の年間打席数について一緒に考えてみましょう。

１人のプロ野球選手の打数はインターネットで調べることができますが、今わかる情報から推測していこうと思います。

まず1年で何試合あるのかを考えていきます。日本野球機構のプロ野球は、試合を行う期間と、試合を行わない休みのオフシーズンがあります。3月末に開幕し、10月前半にリーグ最終戦を迎えます。試合を行う期間を1年の内の7カ月と仮定すると、1カ月≒30日が7カ月分なので、30×7=210となり、210日間が試合を行う期間になります。

しかし、210日間毎日試合を行うわけではありません。

試合を何日か行って、試合のない何日かを休むというサイクルがあるはずです。では、試合が6日間、休日が4日間というサイクルであると仮定しましょう。

すると、試合を行う日数は210×6／10=126となり、1年で約126試合を行うという計算になります。

（ちなみに、実際の1球団当たりのプロ野球の年間試合数を調べてみると143試合なので、この推測は当たらずとも遠からず、と言えますね）

続いて、同様にプロ野球選手の打席数について求めてみましょう。プロ野球1試合で、1人の選手は何回打席に立つのでしょうか？　それを考えるためにまず、1試合で1

チーム全選手の打席数がどれくらいあるのかを考えます。

野球のルールでは、基本的に１試合は１チーム27アウト（27打席）で終了です。ここで、プロ野球選手の平均の打率は２割５分程であるという仮定をします。つまり、２割５分の確率でアウトにならないまま次の選手に打席が回り、残りの７割５分の確率でアウトとなって次の選手に打席が回ることになります。そこで、１試合で合計27アウトになったとき全打席数を計算すると、27÷０・７５＝36となり、全部で約36打席であるということがわかります。

野球の１チームは９人なので、全36打席中一人の選手に回ってくる打席数を平均すると、36÷９＝４となり、１人約４打席ということになります。

先程、１球団当たりのプロ野球の年間試合数は１２６試合と試算しましたので、一人の選手が年間で出る打席数は、４×１２６＝５０４となり、５０４打席となります。

それでは、野球での打率の表し方を思い出してみましょう。「何割何分何厘」という表記の、「何割」は１／10、「何分」は１／１００、「何厘」は１／１０００という数字を表していますよね。

プロ野球選手の年間打席数は１００から１０００の間に収まっていますので、１／１０００を扱う「何厘」までの表記はとても理にかなっているということになります。

✣プロ野球選手の生涯の打席数も予測できる

１年間だけでなく、プロ野球選手の生涯の打席数について考えてみましょう。

プロ野球選手の平均在籍年数は９年程だそうです。そこで、年間の打席数５０４打席を四捨五入した５００打席として計算すると、５００×９＝４５００となり、プロ野球選手は平均して生涯で約４５００打席出ているという計算になります。

最後にプロ野球選手の生涯での安打数について考えてみましょう。先程の４５００打席という数字と打率を掛け算すれば安打数を求めることができます。

例えば、打率２割の選手について計算してみると、４５００×０・２＝９００となり、生涯で９００安打という計算になります。

続いて、打率３割の選手について計算してみると、４５００×０・３＝１３５０となり、なんと、生涯で１３５０安打という計算になりました。

ここで注意したい点は、今回の計算では１人の選手が９年間怪我などで試合を休むことなく、フル出場した場合しか計算していない点です。そのため、実際はもっと打席数が少なくてもおかしくはないでしょう。このように計算して考えてみると、よくニュースになっているプロ野球選手の「１０００安打」や「２０００安打」という記録が、いかに素晴らしい記録か実感が湧いて来るのではないでしょうか。

ここでみなさんと一緒に考えた、わからない問題を、わかることから予測して考えていく思考法を「フェルミ推定」といいます。聞いたことがある人もいるのではないでしょうか？

フェルミ推定の詳しい考え方や、活用の仕方は第４章で紹介するので、お楽しみに。

3-3

私たちに身近なシンメトリー

宍倉一徳

❖家にも街にも自然にもある「対称」

次に身近によく見られる「対称」について紹介します。いきなりですが、下の図はどのように描いた模様でしょうか。ヒントは、ある漢字を利用しています。左右対称の形になっている漢字です。

3—3を読んでいく中で答えが見えてくる人もいるかもしれないので、答えは最後に紹介します。

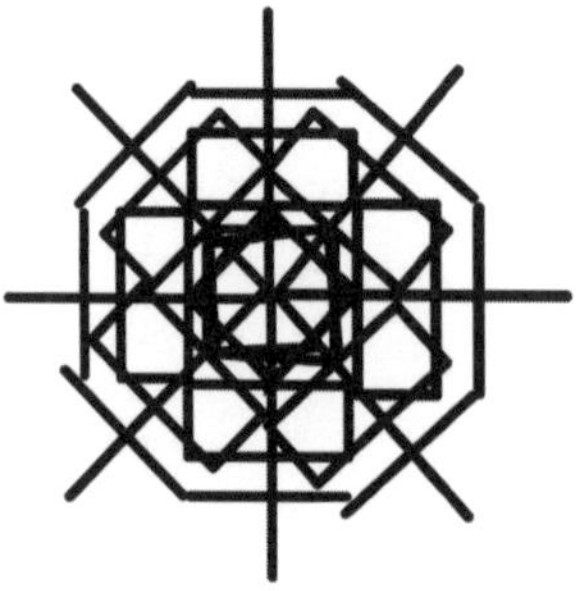

このように、数学の「対称(symmetry：シンメトリー)」という概念を使うと、このような幾何学的な模様を誰でも簡単に描くことができます。シンメトリーは私たちの世界にあふれています。

例えば世界遺産の１つとして有名なインドのタージマハル。真ん中に縦線を入れて、二つに折ってみたらどうなりますか？　左右がぴったり重なりますよね。この左右対称(線対称)の形は一般的に「美しい」とされ、様々なものの中に見ることができます。

線対称とは別のシンメトリーに、点対称(回転対称)があります。例えばリサイクルマーク。画像の中心に点を打ち、それを中心に１２０度ずつ回転させると、もとの形とぴったり重なりますね。「ある点を中心にして回転させるともとの形に重なる」性質のことを、数学では回転対称と呼びます。特に１８０度回転させてももとの

形に重なる場合、点対称と呼びます。

線対称と比べて、回転対称はマイナーなように感じるかもしれませんが、外に出たとき、ちょっと周りに注意を向けてみてください。例えば企業のロゴ、マンホールの模様、車のタイヤなど、いろいろなところに見つけられると思います。

自然の中にもたくさんあります。例えば、図のような桜の花びらは、72度ずつ回転させても、もとの形に重なりますよね。このように回転対称は、私たちの身近に存在しています。

❖漢字で点対称な模様が描ける？

さて、冒頭の問いは、この点対称の考えを用いることで解くことができます。

実は意外にシンプルな形の漢字が使われています。そのことを証明するために、漢字の「山」を使って点対称の模様を描いてみたいと思います。

模様の作成方法は様々ですが、デジタルでは画像をコピー&ペーストできるので、簡単に描くことができます。

まず回転の中心を「山」の字の長い縦棒の先端に置いてみましょう。そして図のように①→②→③→④と回転させると、もとが「山」の字と思えないような模様が描け

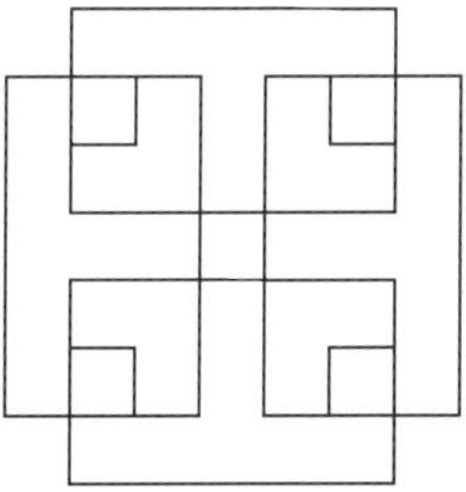

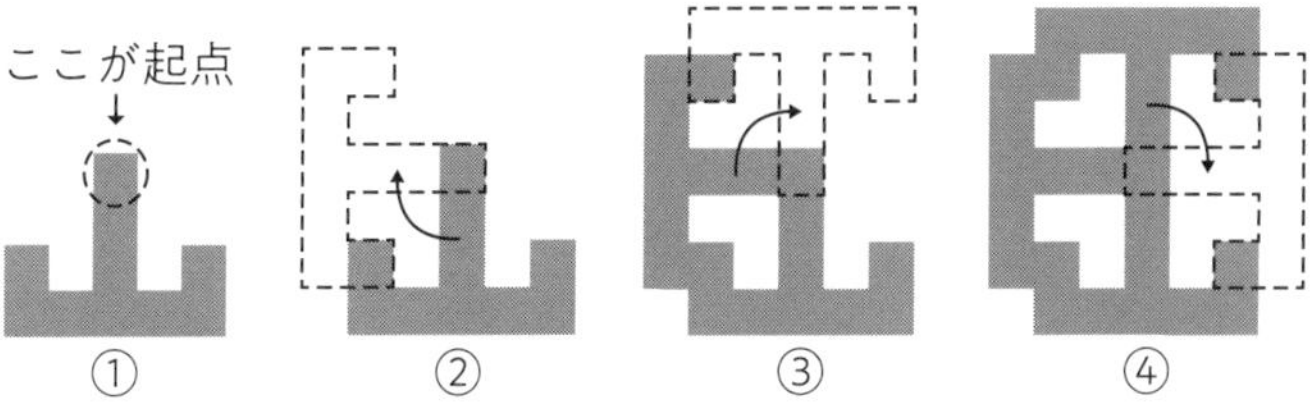

ました。できた全体の模様を90度ずつ回転させると、もとの形にぴったり重なるため、点対称になっていることが確認できますね。

❖同じ漢字でも別の模様に

さて、点対称の作図には「回転」「中心の点」が欠かせません。回転の中心の点や回転させる角度を変えてみましょう。そうすることで、全く異なる模様を生み出すことができます。

まず回転方法を変えてみます。さきほどと起点は同じで、今度は45度ずつ「山」の形を回転させて、模様を描いてみました。複雑な図形のため多少ズレはあるかもしれませんが、

マンホールに描かれる模様のようになっていますね。

今度は回転させる点を、「山」の字の横棒と長い縦棒が接する部分に置いてみましょう。最初と同じように、90度ずつ回転させてみます。すると、格子柄のような模様を描くことができました。全く同じ「山」の形を用いたのに、驚くほど模様がちがいますね。

❖STEAM教育でも注目

ここで最初の問いに戻ってみましょう。

さて、冒頭の問いの模様は、どんな漢字がもとになっているかわかりましたか？

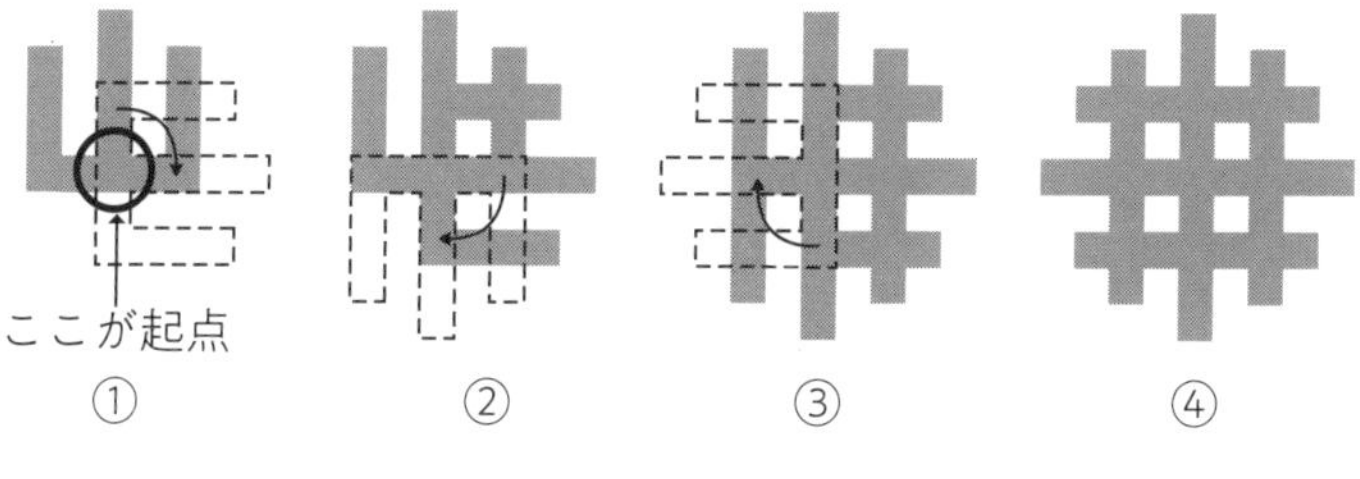

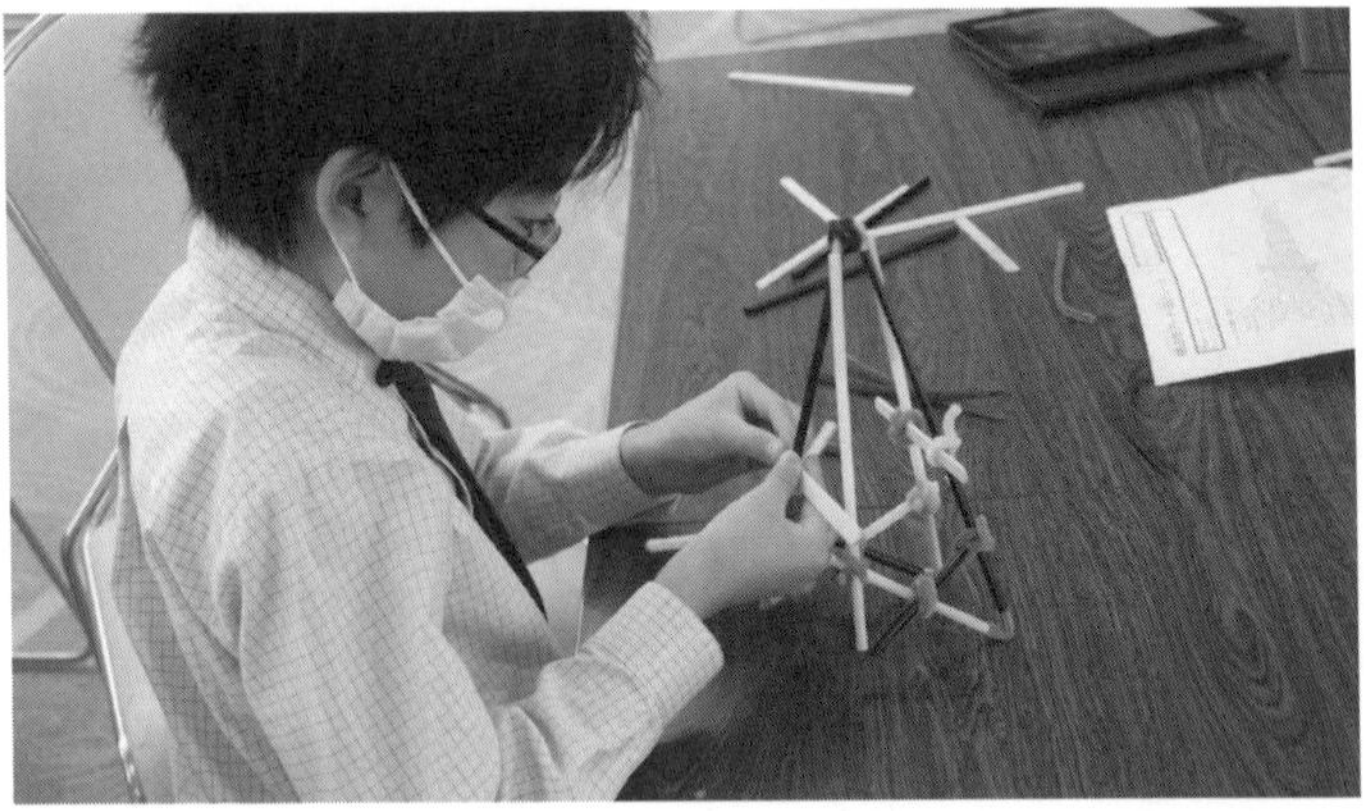

この模様は、漢字の「東」の字を、およそ45度ずつ回転させて描きました。回転の中心はどこか、ぜひ想像してみてくださいね。

点対称という算数・数学の観点から、模様を描いてみるのも新しい発見があるのではないでしょうか。

忘年会やクリスマスなどのイベントでゲームとしてやってみたら面白いかもしれません。

アナログで描く場合は、１００円ショップで手に入るスポンジシート（発泡スチロール板でも代用可能）上に爪楊枝を刺して回転させるなどして、試してみてください。

このように、算数・数学とアートを組み合わせるような学びは、ＳＴＥＡＭ教育という名前で、科学（Science）、技術（Technology）、工学（Engineering）、芸術・リベラルアーツ（Arts）、数学（Mathematics）の５つの分野の頭文字を取った分野横断的な学びとして重要視されています。

私たちmath channelも長野県松本市にある私立才教学園小学校・中学校と一緒にＳＴＥＡＭ教育の取り組みを積極的に行い、算数・数学にアートを取り入れる取り組みなどを行っています。

3-4 一筆書き「できる・できない」を完全攻略！

三浦章

一筆書きとは「鉛筆やペンを紙から一度も離さない」「同じ線をなぞらない」「点で交差するのはＯＫ」という条件のもとで図形を描く、パズルとしても面白い題材の１つです。言葉で説明するとおおげさな感じがしますが、非常にポピュラーなパズルです。みなさんも一度はやったことがあるでしょう。一筆書きにも算数・数学が潜んでいます。新鮮味を感じてもらえるように、その背景の理論にも迫ってみたいと思います。

❖まずは、問題にチャレンジ

まずは、問題です。次ページの図形を一筆書きしてみてください。

全部できましたか？

実は(1)と(2)は一筆書きできますが、(3)はできないのです。(3)にたくさんの時間を使った方、ごめんなさい。

では、どんな図形が一筆書きでき、どんな図形ができないのでしょうか。

お気づきの方もいらっしゃるかもしれませんが、実は一筆書きできる図形、できない図形には明確な規則(ルール)があるのです。このルールを知っていると、思考錯誤しなくてもパッと見ただけで、一筆書きできるかどうかわかってしまうので覚えておいて損はないですね！

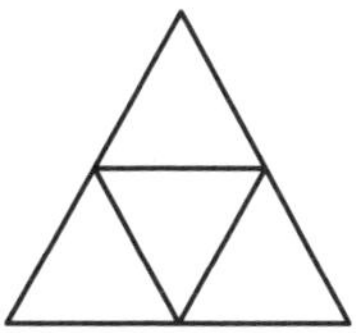
(1)

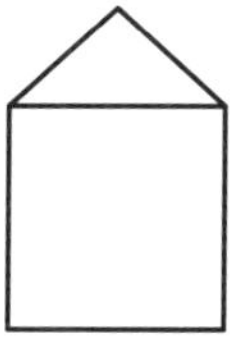
(2)

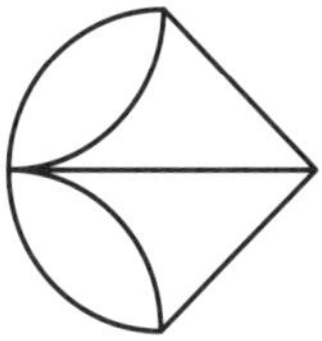
(3)

❖図形のある部分をチェック

図形は、「一筆書きできる図形(1)と(2)」と「できない図形(3)」の2つに分かれるとお話ししましたが、(1)と(2)では違いがあることに気がつきましたか？　気づかれた方はかなり着眼点がいいです！　実は(1)は始めた点に戻って一筆書きが完成しますが、(2)は書き始めた点と終わりの点が違います。つまり、一筆書きできる図形には、始点と終点が一致するものと始点と終点が異なるものがあります。まとめると次のようになります。

図形パターン1：　一筆書きできる、始点と終点が一致する
図形パターン2：　一筆書きできる、始点と終点が一致しない
図形パターン3：　一筆書きできない

この3パターンの判定方法を説明します。

判定のために、もう1つみなさんが知っておくことがあります。それは図形の頂点に

何本の辺がつながっているかを数えることです。ここで大切なのが、辺の本数が何本かということではなく、本数が偶数か奇数かに注目することです。

ちなみに、頂点につながっている本数が偶数の場合を偶点、奇数の場合を奇点といいます。

この言葉を用いると、先ほど述べた3つのパターンは以下のようにして区別できます。

図形パターン1：すべて偶点から構成されている図形は、一筆書きができて、かつ始点と終点が一致します

図形パターン2：奇点が2個で、残りはす

○の中の数字は頂点の次数（頂点に集まっている辺の本数）

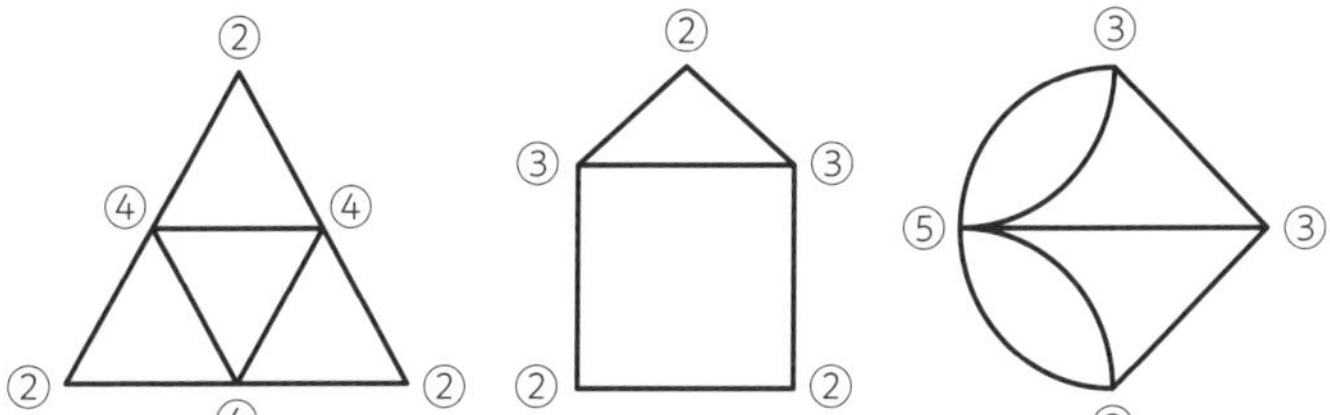

(1)　(2)　(3)

べて偶点から構成されている図形は、図形パターン2に属する図形です

図形パターン3：奇点が3個以上ある図形は、一筆書きできない図形です

つまり、一筆書きができるかできないかを判別する方法は、「奇点が3個以上あるかどうか」になります。

❖雑巾は、一筆書きで縫える？　縫えない？

雑巾の縫い目は一筆書きできるのでしょうか。

みなさんはもうおわかりですね。「できません」です。ミシンで縫うときは、一筆書きの形で縫えると便利そうですが残念ですね。

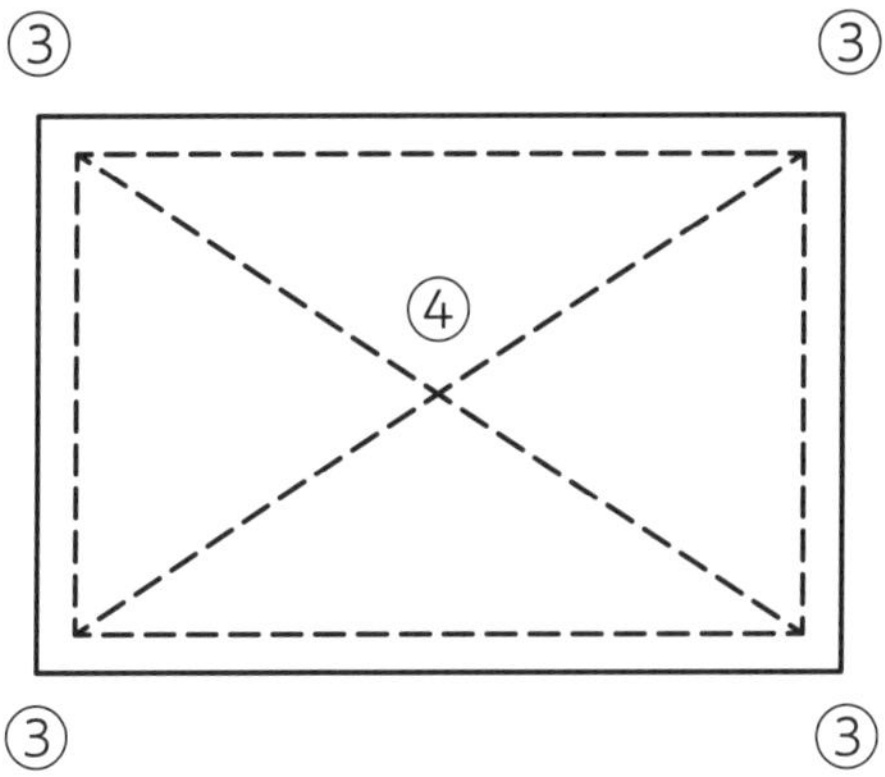

A) 奇点が4つなので
一筆書きできない

○の中の数字は頂点の次数

✣パターン1の図形の必勝法を紹介

さて、実際に書いてみると、複雑な図形では、一回でちゃんと書けないこともあります。

パターン１の場合に、必ず書ける秘訣をご紹介します。それは、始点（＝終点）を決め、そこから次々に辺をたどる際に、たどる辺の候補が複数ある場合は、その辺を除くと図形が２つに分かれてしまう辺（グラフ理論の用語では〝橋〟といいます）は、可能な限りたどらないようにする、というものです。この方法はグラフ理論の分野で「フラーリのアルゴリズム」と呼ばれています。

✣判定方法を明らかにした250年以上前の天才数学者とは

図形が一筆書きできるかできないかは、２５０年以上前に天才数学者レオンハルト・オイラーによって明らかにされています。つかみどころのない図形全体の性質を、構成する頂点の性質に局所化できると考えたことにオイラーの天才ぶりが現れていると思いませんか。

この判定方法にまつわる話は「ケーニヒスベルクの橋の問題」として非常に有名です。本やネットで調べてみてください。判定方法のキーポイントとなるのは、図に示した偶点と奇点の性質です。

❖実は生活にも深い関わりがある⁉

一筆書きはパズルとしても面白いものであるだけでなく、私たちの生活にも、深い関わりがあります。

例えば、除雪車や道路清掃車の巡回経路の決め方です。一度の作業では同じ道路を1回しか通らない方が効率的で、道路を辺と考えると、このような経路はまさに一筆書きをすることと同じですね。

似たような問題に、各頂点をすべて1回ずつ通る辺を求める問題があります。これは、巡回バスやごみ収集車の巡回経路の決め方に対応します。実は、このルート決めは一筆書きの問題に比べると格段に難しい問題です。

このような問題を数学的に研究する分野が「グラフ理論」です。実用性が非常に高い分野ですので、少し興味が湧いた方はぜひ調べてみてください。

3-5

「わらしべ長者」はもっとお金持ちになれたのか？

洪愛舜

❖未来を数学の視点で空想する

私たちが子どもの頃から親しんできた物語の中にも、算数・数学が潜んでいます。『うさぎとかめ』が走った距離はどれくらい？　『ヘンゼルとグレーテル』のお菓子の家を作るにはどの程度のお菓子が必要？　など、物語を算数・数学の目で見てみると、またちがった魅力を発見できます。

ここでは、日本で最も有名な昔話の1つである『わらしべ長者』を、算数・数学の目で見てみることにしましょう。

❖物々交換で得られたものの差額は？

『わらしべ長者』は、ある貧乏な男が藁から始まった物々交換を重ね、最後は屋敷と田んぼを手に入れて裕福な生活を手に入れたという、なんとも夢を見させてくれる話です。最後に「屋敷と田」に交換してもらって大団円を迎える『わらしべ長者』ですが、さらに物々交換するともっと価値のあるものと交換できるのでは？　そして、ゆくゆくは日本一のお金持ちになれたのではないか!?

こんな疑問を、『宇《う》治《じ》拾《しゅう》遺《い》物語』に収められた原作を参考に、数学の視点から検討していきましょう。

『わらしべ長者』では、以下のように物々交換が行われます。

●藁1本→蜜柑3個
●蜜柑3個→反物3反
●反物3反→馬1頭
●馬1頭→屋敷&田

これから価値の変動を算出する上での前提として、当時の通貨を現在の金額的価値に置き換え、それぞれの差額について見ていくことにします。

まずは、金額を置き換えます。

●藁1本：1円→蜜柑3個：600円

●蜜柑3個：600円→反物3反：15万円

●反物3反：15万円→馬1頭：300万円

●馬1頭：300万円→屋敷&田：3100万円

次に、それぞれの差額を見ていくと……

パッと見ただけでは何の法則もないように思われます。本当にそうでしょうか？

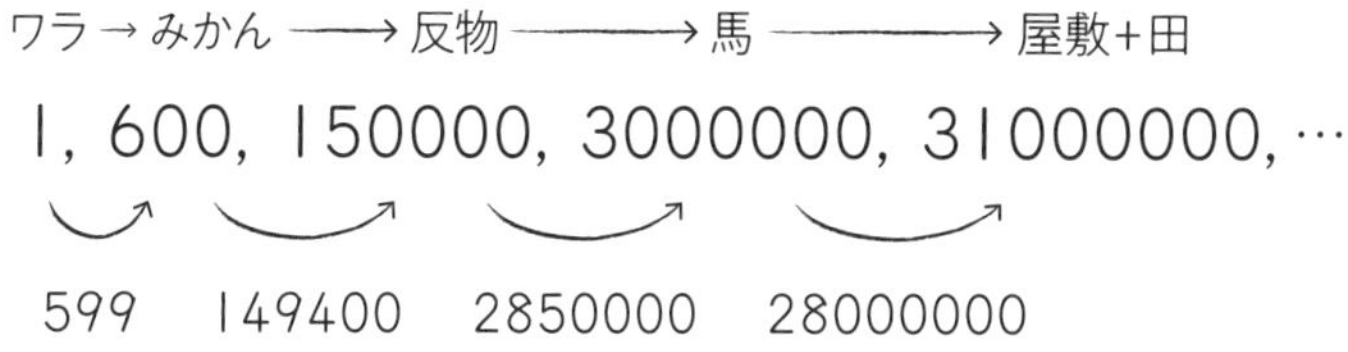

ここで、差額の倍率で見てみましょう。

いかがでしょうか。一目見てわかる通り、差額の倍率は、段々と減っていますね。反物↓馬の差額の変化を見ると、みかん↓反物と比べて差額の倍率は約1／2倍になっています。

この倍率差をもとにしながら、この先に得られたかもしれない物々交換の値段を推測していきましょう。

❖「差額の倍率」に驚きの規則性があった！

少なくともこの倍率差を維持したとすると、次はどうなるでしょうか？

差額は約4・9倍と推測できます。

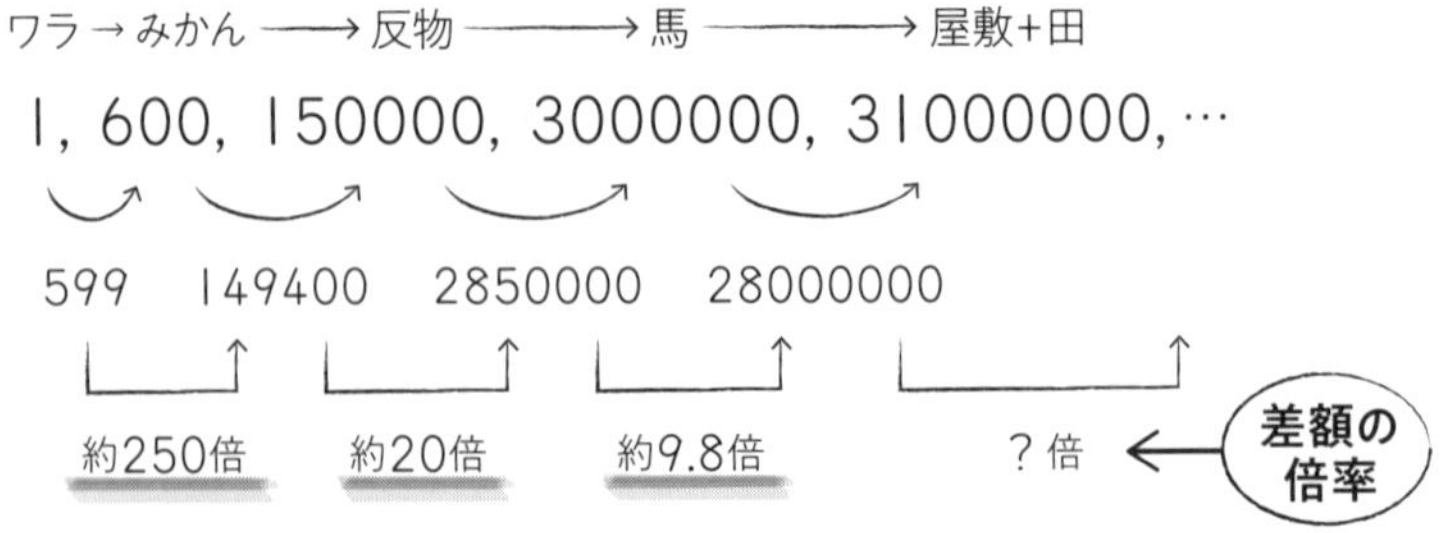

つまり、「屋敷&田」の次の交換物の差額は約１・４億円、そして次の交換物は約１・７億円のものと見積もることができます。「屋敷＋田」からあと１回物々交換すれば１億円の大台に乗ったんだと思うと、やはりもったいない気がしてきました。

この時代で１・７億円の価値があるものというと、どんなものがあるのでしょうか……。想像もできませんが、ひとまず「お宝」としておきましょう。

同様の考え方でさらなる物々交換を続けていきましょう。より正確な数値で計算すると次ページの表のようになります。

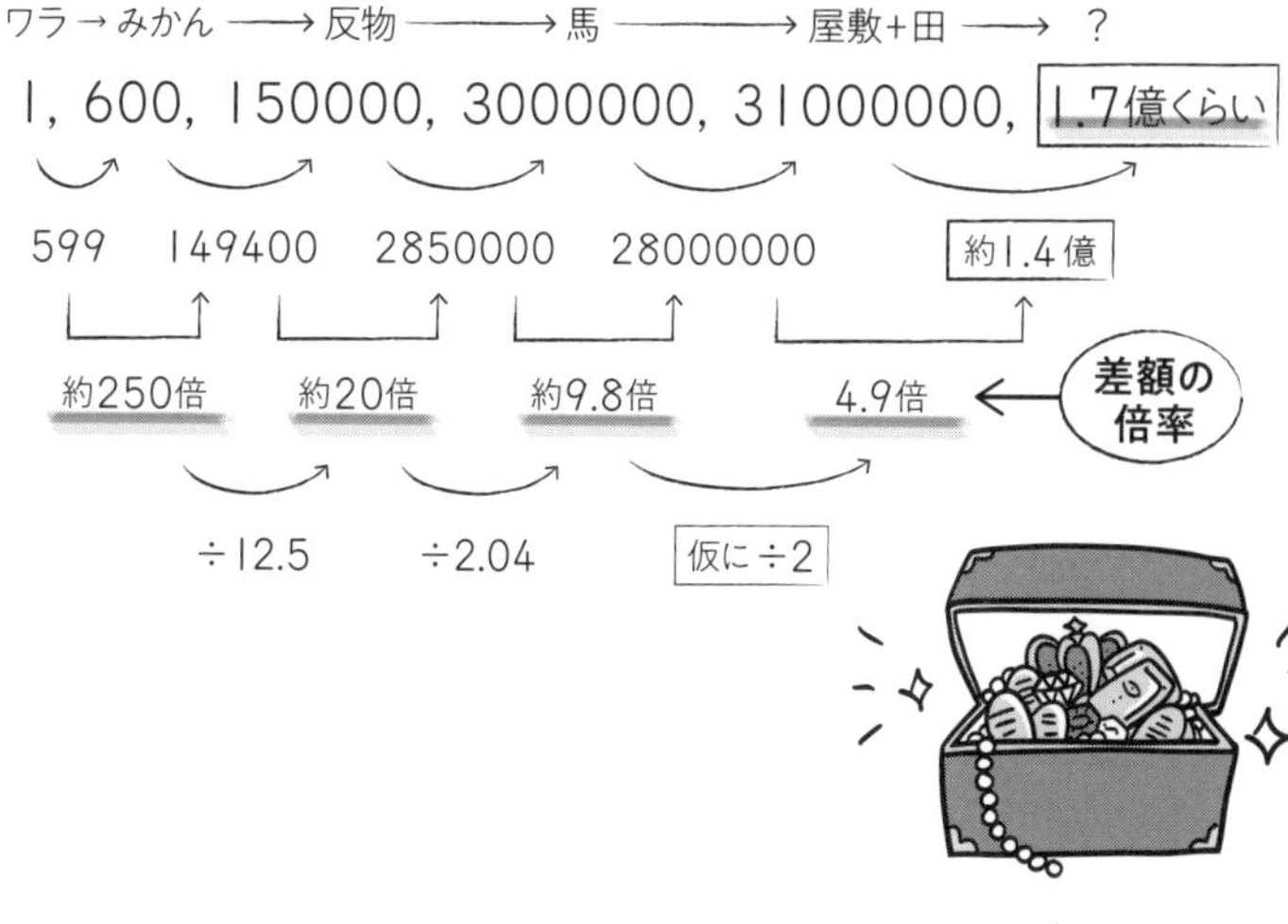

「お宝」の次は5・4億円のものと交換できることが推測できます。「5・4億円の物」とは一体何なのか、ますます想像できない域になってきましたが、このまま続けても限界は見えてきます。なぜなら、計算を続けると差額の増え方の倍率は段々と減っているからです。

表を見ていくと、「お宝」の3つ先の交換から、増え方の倍率が0・69倍で1を下回っています。

この段階での物々交換で得られるのは約15億円ですが、そこから先はほぼ増えません。やはり無限に価格を増や

	価格	差額	差額の比率
わら	¥1	1	
みかん	¥600	¥599	599
反物	¥150,000	¥149,400	249.4157
馬	¥3,000,000	¥2,850,000	19.07631
屋敷	¥31,000,000	¥28,000,000	9.824561
お宝	¥172,673,986	¥141,673,986	5.059785
	¥541,856,480	¥369,182,495	2.605859
	¥1,037,319,218	¥495,462,738	1.342054
	¥1,379,771,295	¥342,452,077	0.691176
	¥1,501,672,366	¥121,901,071	0.355965
	¥1,524,020,134	¥22,347,767	0.183327
	¥1,526,130,120	¥2,109,987	0.094416
	¥1,526,232,719	¥102,599	0.048626

していくことはできないようです。

❖「屋敷&田」より先に進むことのリスク

無限に増えないとはいえ、作中で主人公の男はもう少し物々交換を試みてもよかったかもしれません。「屋敷&田」から先を空想すると、あと5回は物々交換しても理にかなうという結論が得られます。

ただ、主人公は、もしかすると物々交換をしていく中で上昇比率がガクンと下がってきたことを感覚的に気づいていたかもしれません。数百倍や数十倍が、「屋敷&田」でいきなり2倍にまで下がったのですから、このあたりでやめておこうと思った可能性も考えられます。

上昇差額の比が20倍→10倍ときているから、そのあと0倍になって何もなくなってしまうかもしれないと考えた可能性もあります。何といっても、「欲張ったことですべてを奪われる」っていうのは昔話の定番のオチですから。嫌な予感があったのかもしれませんね。

もしくは、当時は屋敷以上の高価なものが見当たらなかったのかもしれません。少し調べてみましたが、平安時代に5億円以上のものはなかなかないようで、そうなるとやはり「屋敷&田」で打ち止めせざるを得なかったのかもしれません。

❖「数列」を使ってデータから予測を立ててみよう

今回扱った物々交換は、数学的には「数列」になります。その中でも「階差数列」と呼ばれるものです。階差数列とは、ある数列に対し、隣り合う項の差を取ることによってできる新たな数列のことです。

金額自体の変化ではなく、その差額の増え方の比率について考えることで一般化できるという見方です。差額の増え方に注目すると、価格は増えているけど増え方は段々と減ってきて、いずれは変わらなくなる。金額は増えているからこの先もどんどん増えていきそうに思いますが、差額の増え方に注目するとそうはならないことがわかります。

このように、数列は、あるデータから予測を立てることに多く利用されています。

例えば、以前は毎日ニュースで見かけていた新型コロナウイルス新規感染者数の予想グラフにも数列が用いられています。日々のデータから次の感染者数の結果を予測するというものです。見ていくと、感染者数は増えているけれども、増加率は減っているということがあり、まさに『わらしべ長者』と似ています。

もし、現代で作中の主人公と同じく「屋敷&田」を手に入れた場合、みなさんならどこまで物々交換を狙いますか？

そういう空想を広げてニヤニヤしたり、数列あるいは別の数学的解釈で物語を分析してみたりすると、昔話の新しい楽しみ方を発見できるかもしれません。

3-6

お菓子な算数

吉田真也

日常の生活で算数を使う場面は意外とあります。

私は普段、お菓子が好きでよく食べるのですが、ある日お気に入りのチョコレートについて、気づいてしまったことがあります。

では、そこから始まるお菓子についての算数的思考をご紹介しましょう。

算数的思考と聞くと何か難しい感じがしますが、出てくるのは簡単な計算のみ。なるべく当時の状況のままに紹介したいので、ブログ調で説明したいと思います。いわば「算数ブログ」ですね。

✣12個入りが10個入りに!?

とある会社から発売されている、お酒（ブランデー）の入ったチョコレート。冬季限定で発売されていて、毎年楽しみにしています。

冬も近づいてきたある日。スーパーで買い物をしていたときのこと。

平積みされているそのチョコレートを手に取ると、何となく軽い気がしました。

そこで、パッケージ裏面の商品詳細を見てみると、思った通り、いつもの12個入りが10個入りに変わっていました。

原材料の値上がりが原因なのかもしれません。

そこでふと気になったのが、その10個の配置。

12個の場合だと、縦3個、横4個が一般的だと思います(図1)。

❖チョコレートの配置を予想してみる

10個の場合だと、いったいどんな配置で入っているのか？

気になったので、その場で予想してみることにしました。

まずはチョコ1個の縦横比を決めます。パッケージの写真から、だいたい1対1・5と仮定しました。

それではまずはシンプルに、縦に2個、横に5個の並び方。「2×5=10」ですね(図2)。

これだと横幅が長すぎますね。パッケージの形状

図1

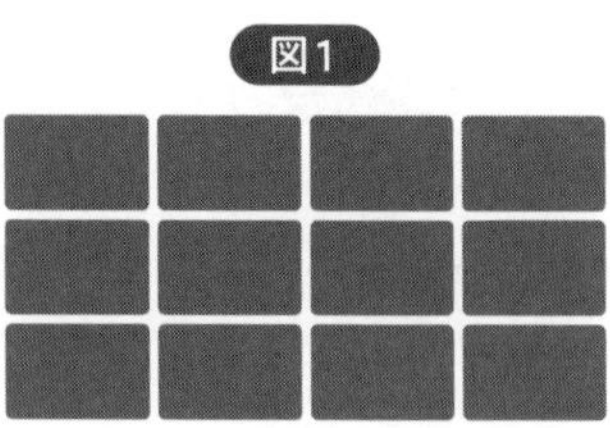

と見比べると無理がありそうです。

そこで考えたのが図３の特殊パターン。

まずは横向きのチョコを縦に３個、横に２個並べます。その後、左右に縦向きのチョコを２個ずつつければできあがり。

少し強引な気がしますが、確かに「２＋６＋２＝10」で10個あります。これなら全体の縦横比もパッケージとの相性がよさそうです。

ということで会計を済ませ自宅に戻り、満を持して開封してみました。

❖いよいよ開封！

恐るおそる中を取り出してみると……

図2

図3

なんとトレイの方が特殊な形状をしていたのです。今までのシンプルな長方形のトレイを想像していたので、これは思いつきませんでした。

レンガのような見た目の並べ方で、「3＋4＋3＝10」で10個。これはこれで綺麗な並び方をしていますね。ちなみに実際のチョコの縦横比を測ってみたら、1対1・5ではありませんでした。これも残念です。

予想は完全に外れてしまいましたが、ここで最後に1つ、私が個人的に好きな10個の並び方をお見せしましょう。

見た目はずばりピラミッド。「1＋2＋3＋4＝10」できちんと10個になります。全体のフォルムと

開封してみると……

連続した数の並びが美しいですね（図４）。

❖算数・数学で毎日を豊かに

今回ご紹介した話は、残念ながら生活に役立つ内容ではありません。ただ、算数・数学を使うことで何気ない日常がちょっとだけ豊かになる気がしませんか。

実は、この「知的な豊かさ」を日常にもたらしてくれるのが、算数・数学のもつ魅力の１つだと思っています。ぜひみなさんも身の回りのちょっとした算数・数学を探してみてください。

図４

コラム

迷路の中の数学

【横山明日希】

「なんで迷路が数学？」と思うかもしれませんが、実は、迷路にはいろいろな数学の性質があるのです。

詳しい理由はここでは省略しますが、迷路には必ずゴールできる攻略法が存在します。

この攻略法についてもう少し詳しく踏み込んだ研究が、「離散数学」と呼ばれる数学の分野で行われています。

迷路の必勝法もmath channelマガジンで解説している記事がありますので、ぜひ調べてみ

てください。煩雑な迷路を書くことができるようになれば、あなたも一流の迷路ライターの仲間入りです。

知らないうちに算数・数学につながる遊びが、いくつもあります。

本章では遊びの中の数学を紹介しました。

ふだん楽しんでいるエンターテインメントのなかにどんな数学が隠れているか、また、数学的にみるとどんなことがわかるか、考えながら楽しんでみましょう。

エンターテインメントの意外な一面を知ることができたり、数学をもっと身近に感じることができたりすると思います。

第4章

使える数学をおもしろがる

ここまで、みなさんにいろいろな視点で身の回りにある数学について手を変え品を変えお話ししてきました。

第４章では、みなさんに日常で役に立つ数学をお伝えします。人それぞれ、ライフスタイルは異なると思いますが、誰しも、迷ったり、選択をしたり、次の一手を考えたり、どうすれば効率的になるだろう、と考えることがあるでしょう。

そんなときに、第４章で紹介する数学的思考を自身のツールとして持っておくと、きっと助けられることと思います。

4-1 ホールケーキを同じ大きさに分けるには？

河野梓

❖8等分はカンタンだけど、6等分は？

家族や友人の誕生日を一緒に祝ってわいわいするのは楽しいひと時です。誕生日やクリスマスパーティーといえば、ホールケーキを用意する方も多いでしょう。その際ケーキを人数分にカットすることがありますね。

ピザやケーキなどの円形のものを8等分するとき、どんな手順で切りますか？

①まず全体を半分に切り、②①でできた2つの半円が半分になるように切り、③さらに②でできた形が半分になるように切るのではないでしょうか。

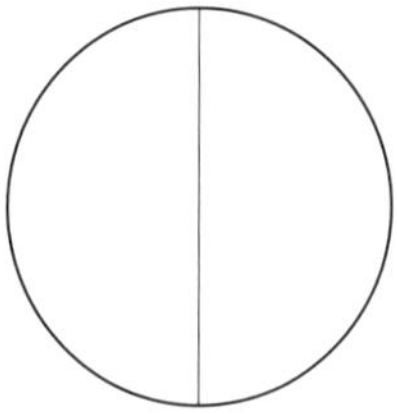

① 全体を半分に切る

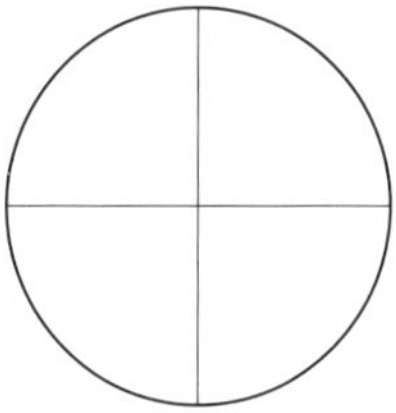

② ①でできた2つの半円が半分になるように切る

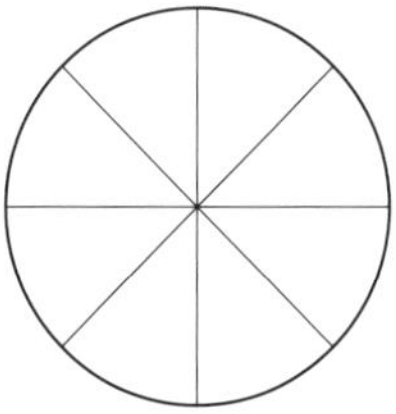

③ さらに②でできた形が半分になるように切る

では、6等分する場合はどうでしょう？　どのような手順で切りますか？　8等分は「半分」のみでできますが、6等分ではそうもいかない気がしますね。初めは半分でいいのですが、先ほどの8等分のノリで考えると、次は半分ではなく3等分に切らなくてはなりません。

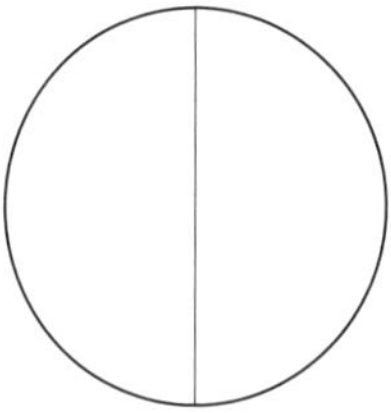

初めは半分でよいが…

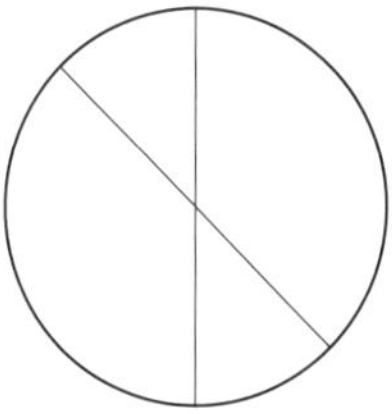

3等分？？

ところが、「半分」のみを使ってケーキを6等分する方法があるのです！　早速その方法をお伝えしましょう。図と照らし合わせながらイメージしてくださいね。

❖円を6等分する方法

①まずは8等分と同様、半分になるように包丁をいれます。②次に、①でできた2つの半円を半分にするような線を頭の中で描きます。8等分の際の②の線と同じですね。ここで実際に切らずに頭の中で描くのがポイントですよ！

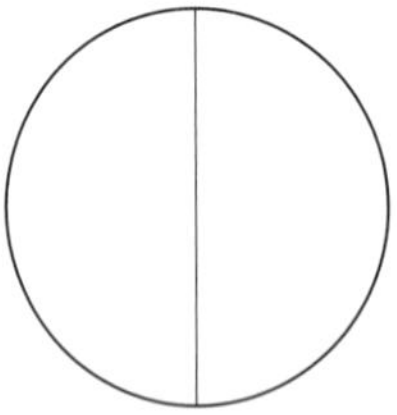

① 半分になるように切る

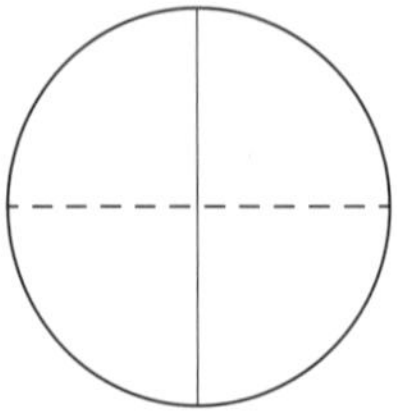

② さらに半分にする
線を頭の中で描く

③さらに、②の線に平行な線を頭の中で描きます。半分になった①の線をさらに半分

ずつにするような2つの線です。④③で頭の中に描いた線の端をそれぞれ図のようにばってんに結んだ線で切ります。⑤これで6等分のできあがり！

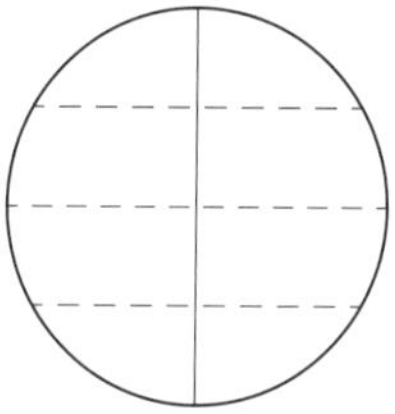

③ ①の線をさらに半分にするような2つの平行線を頭の中に描く

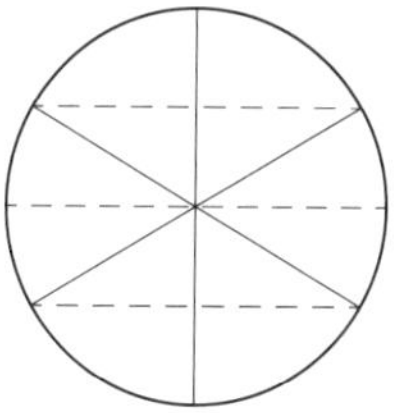

④ ③の線の端と端を結ぶ線で切る

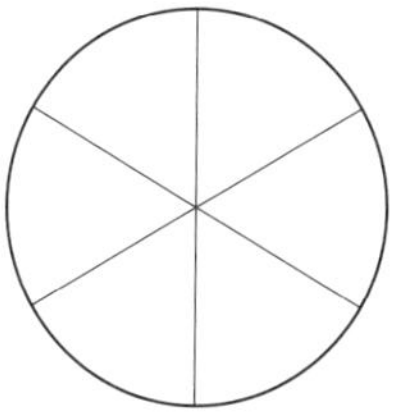

⑤ できあがり！

いかがですか？　①も半分、②も半分、④も半分をガイドにして6等分できましたね。どうしてこの方法で6等分になるのでしょうか？　少し解説してみましょう。

まず、6等分するということは、円の中心を360度÷6＝60度ずつに分けることになります。そこで、円にできあがりの線を描くと次の図1のようになります。この3つの線の端を図2のように結ぶと、実は同じ大きさの正三角形が6つできるのです。

図1

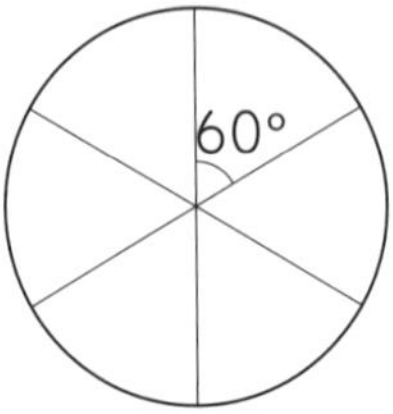

図2

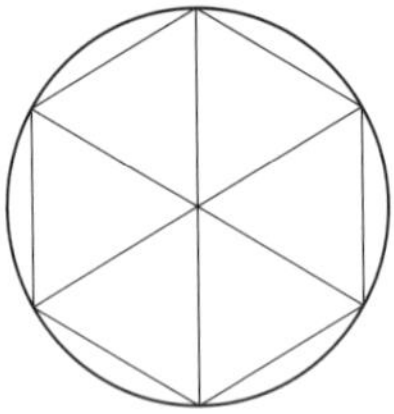

この6つの正三角形をそれぞれ半分にしてみましょう。三角定規の形を12個作っていきます。上から順に3つ線を入れていくと……

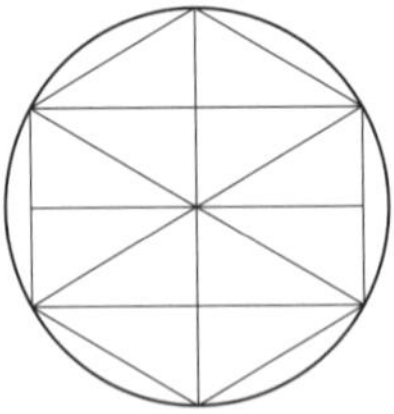

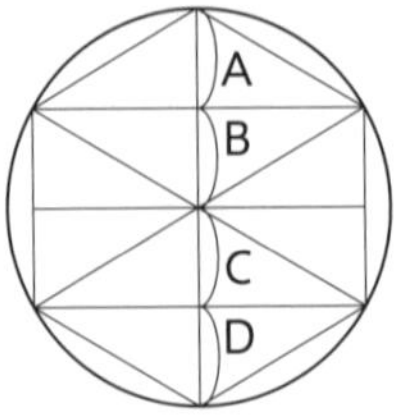

先ほどの②と③で頭に描いた線が出てきましたね。同じ正三角形を半分にしたのです

から、A～Dの線の長さはどれも同じです。つまり、①で入れた線を4等分した長さになっているのです。

1つの線を4等分したガイドで6等分ができるなんて、なんだか不思議な感じがしますが、ホールケーキを6つにカットする際はこのテクニックを使ってみてください！

❖おにぎりのまん中はどこ？

先ほどの図に新たな3つの線を加えて円にくっつく三角形を描いてみましょう。

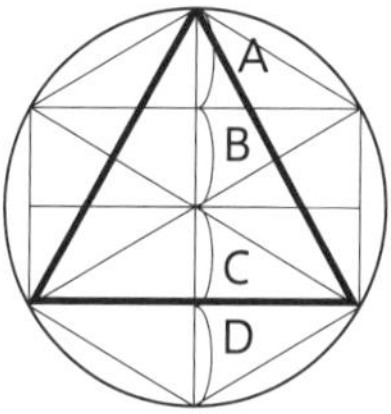

どれも、隣同士である2つの正三角形の端を結んでいるので、3つの辺の長さはすべ

て同じですよね。ということは、さきほどよりも大きいですが、これも正三角形です。「正三角形の重心は高さを2：1に分ける」という性質があります。重心というのは、その形を1点で支えようとしたときにつり合いが取れる点のことです。この場合、もとの円の中心と同じになることがなんとなく想像できるのではないでしょうか。そしてこの重心は、大きい正三角形の高さにあたる（A＋B＋C）の線を確かに2：1に分けていますね。

頭の中に描いた横線は、そんなことにも関係しているのです。

ところで、私は子どもの頃に母が作ってくれたおにぎりは「いつも具がちょっと下にあるな」と感じていました。半分くらいかじっても真ん中にあるはずの具に届かず、いつもちょっとだけ具が下にあるので、「また少し中心からずれているな」「でも、ずれたところを必ず下にして食べる私はお母さんと気が合うな！」と思っていたのです。

今考えれば、それは中心（重心）が高さの半分ではなく2：1のところにあるからで、母はいつも「真ん中」に具がくるように上手に握っていたのですね！

4-2 お買い物は算数・数学だらけ

河野梓

❖小銭をへらす算数・数学

次は、買い物に便利な数学を2つ紹介しましょう。

1つは、「財布の中の小銭が最小限になるように支払う方法」です。レジで代金を払うときに大きいお札を出しがちで、気がついたら財布が小銭でパンパンになっているという方はいませんか？　実は、「財布の中の小銭を少なく保つ」のは、そんなに難しくないんですよ。上手な人は計算が速いんだと思われるかもしれませんが、計算しなくてもできるのです。

ポイントは2つだけ。①小さい貨幣から払う。②必要な枚数がないときは1つ大きい貨幣を出す。これだけです。

実際に例を挙げてやってみますね。買い物カゴをレジに持っていったら代金が1368円だったとします。そして、財布の中には次のような貨幣があったとしましょう。

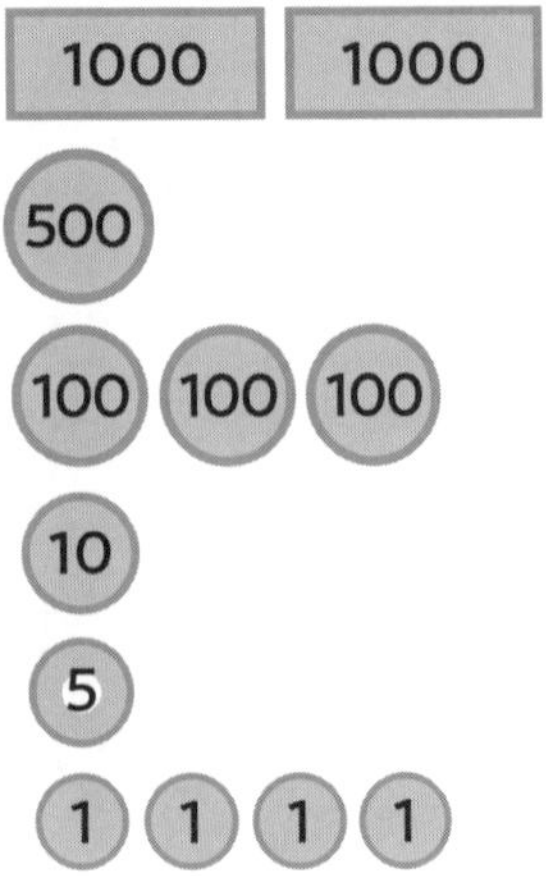

まずは①にならって小さい貨幣、つまり1円玉を何枚出せばいいかを考えます。1368円の1の位は「8」ですが、8円のうち5円は5円玉に任せればいいので、支払う

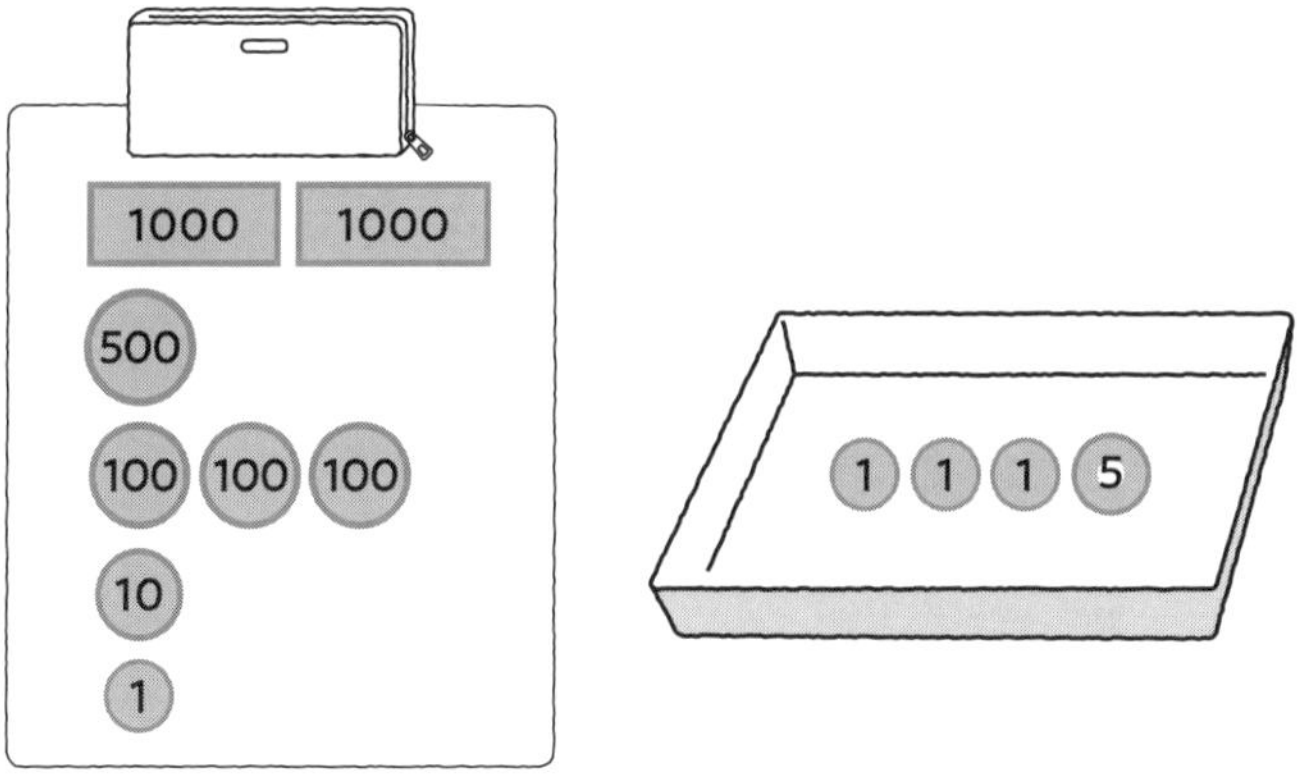

べき1円玉は3枚です。先ほどの財布の中の図を見てください。1円玉は3枚ありますか？　ありますね。ここは素直に3枚出しましょう。

次に、考えるのは5円玉ですね。1枚あったらいいのですが……財布の中にあるでしょうか？ありました！　そこで、5円玉を1枚出します。今、レジのトレーには1円玉3枚と5円玉1枚を出していますよ。この時点で1368円の「8」のことは忘れてOKです。

次は10円玉についてです。1368円の十の位は「6」ですから、60円のうち50円は50円玉に任せるとして10円玉が1枚出せればよいことになります。よかった、ありますね。そこで、10円玉を

１枚トレーにのせておきます。
さらに50円玉を１枚払いたいわけですが……残念、50円玉はありません。
ここで②のルールを思い出してください。ないときは１つ大きな硬貨を出せばよいのです。50円玉の次に大きな硬貨は１００円玉ですから、50円玉を出す代わりに「１００円玉を１枚」と覚えておきます。この時点で１３６８円の「68円」の部分はもう意識から外して大丈夫です。あと１３００円払うことだけ考えましょう。

そして次は１００円玉についてです。１３００円ですから１００円玉が3枚……と思いきや、ここでさきほどの「50円玉の代わりに出す１００円玉１枚」が登場します。全部で4枚必要なわけですね。ところが、財布の中には１００円玉は3枚しかありません。どうしましょう？　あわてずに。やはり②のルールを適用しますよ。必要な枚数がないときは、１つ大きい硬貨を出すことにすればいいのです。この場合、５００円玉ですね。

さて。そうなると、１３６８円には一見必要なさそうな５００円玉について考えることになります。財布の中にありますから、１００円玉４枚の代わりに１枚出しておきましょう。

あとは、１０００円札を１枚出せばＯＫです。これで、おつりは１５０円になります。お財布の残りとあわせてみてください。所持金の貨幣はこれ以上大きいお金に両替できない最小限の枚数になっているハズです（１０００円札１枚、１００円玉３枚、１円玉１枚）。

いかがですか？　まあ、最近はキャッシュレス決済を利用する方も多いとは思いますが、小銭を払う機会があるときにはチャレンジしてみてくださいね。小銭が少なくなるように意識していると、55円や５０５円、５５５円のおつりをもらうことが多くなります。「ＧＯ！　ＧＯ！」って、気分が明るくなりますよ！

❖どちらがオトクかわかる数学

さて、もう1つ買い物で使える数学を紹介します。コツは揃えて比べる、です。似たような商品がいくつかあるとき、「どれがいちばん安いだろう……?」と思うことはありませんか? そんなときに使ってみてください。

例えば、3個1パックで98円のヨーグルトと4個1パックで128円のヨーグルトがあったとしましょう。「メーカーにこだわりはないし、安い方を買いたい!」となったら、どう考えたらいいのでしょう。

まず1つ使えるのは、値段を個数で割って、ヨーグルト1個あたりの値段を比べる方法です。

98÷3≒32・66、128÷4=32

なので、4個パックの方が安いですね。

ただ、割り算が苦手な人もいるでしょう。そんなときは、かけ算で考える方法もありますよ。３個パックと４個パックをそれぞれいくつか買うことにして（実際に買うわけではありませんよ！　計算上です）、ヨーグルトの数を揃えてしまうのです。

この場合は、３個パックを４つと４個パックを３つ買うことにして、それぞれ12個買った場合の値段を計算します。ついでに端数はやりづらいので98円を１００円、１２８円は１３０円にしてしまいましょう。どちらも２円アップしているのでそんなに計算にちがいは起こりません。

ときに大胆に情報を捉えるのが、生活に数学を活かすときのコツです。さて、

100×4=400、130×3=390

ですから、やはり４個パックの方が安いとわかりますね。

金額を揃えて比べることもできますよ。３個パックは約１００円、４個パックは約１３０円でしたね。どちらも１３００円で買うときのことを考えてみましょう。３個パッ

クの方は13パック買えば１３００円ですから、ヨーグルトは39個になります。対して４個パックの方は10パックで１３００円なのでヨーグルトは40個買える計算になり、やはり４個パックの方が安いとわかります。

12個や１３００円という数字がどこから出てきたかというと、３個と４個または１００円と１３０円の(最小)公倍数です。２つの数の公倍数を目指せば、個数や値段を揃えることができ、比べることができるわけですね。

ここまでのやり方はどれも、比べやすいように何かを揃えるという考え方をしています。日常生活で比較検討が必要なときに応用してみてはいかがでしょうか。例えば、何かが故障して、修理した方が安いか、新しいものを買った方が安いか……というとき、揃えられる要素に注目してみると、よいでしょう。

まあ……こちらも親切なスーパーなら値札に「１個あたり」や「１００グラムあたり」の値段が書いてあることも多いんですけどね！　便利な世の中に身を任せるか、自らすすんで脳トレをするかはあなた次第です！

4-3 だいたいの数を計算する フェルミ推定とは?

横山明日希

❖フェルミ推定はどう役に立つの?

フェルミ推定を使えば、正確な数字がわからないものでも、おおまかに当たりをつけることができます。例えば、「日本に猫は何匹いる?」のような問い。全国にいるすべての猫を数えることはできませんが、フェルミ推定によって近い数値をとらえることができます。

ほかにも、次のような、一般的な算数の計算と異なる特徴があります。

●フェルミ推定によって出てくる数値にはっきりした正解はない
●出てくる数値の妥当性だけでなく、そこに至るまでの計算の過程を大切にする
●計算に必要な数値は、自分の知識や経験から予想して出す

フェルミ推定という言葉が日本で浸透し出したのは２００５年頃から。

いわゆる「コンサルティング系の会社」を中心に、「論理的に素早く考える力」を求められる企業の採用面接で聞かれる質問として有名になりました。

もちろん、馴染みがないという方もまだまだ多く、世界的に浸透しているかというとそうではありません。

ただ、このフェルミ推定のような考え方は、特に理系の学部で実験の過程や結果を考察する際に用いられることがあります。

名前の由来となった方であるエンリコ・フェルミさんも、ノーベル物理学賞の受賞経験がある物理学者です。

世の中でまだ答えが出ていないような問題について考え抜く力を身につけるためにも

このフェルミ推定が役に立つわけです。

仕事で使える場面も多くあります。実は、日常にさりげなく浸透している思考なのです。本章を通して、フェルミ推定の力を意識的に鍛えて、日常に生かしていきましょう。

❖人は1年間で何リットルの水を飲んでいるか？

まずは、身近なところから考えてみましょう。

そういえば考えたことないな……というところに着目して考えることで、数学的な思考だけでなく、発想力、想像力、創造力などが鍛えられるはずです。

お題は「人は1年間で何リットルの水（牛乳・ジュースなども含む）を飲んでいるか？」です。

まずは、このような手順で考えてみましょう。

①どのような式を立てれば答えが出そうか考える
②その式で使う数値を、知識や経験をもとに算出し、計算する

③より妥当な値を求めるために、別の計算方法で同じような値になるか確認する

❖どのような式を立てれば答えが出そうか考える

この場合、1年間という単位をより小さな単位にして考えてみましょう。1日に飲む水の量がわかれば、それを365倍すれば答えが求まります。式はシンプルに、

（一日に飲む水の量）×365

となります。

では、1日に飲む水の量をどう求めればいいか、知識や経験を活かして考えてみましょう。

❖その式で使う数値を、知識や経験をもとに算出し、計算する

１日に飲む水の量を考えるために、自分はいつ、どのような入れ物を使って、水を飲むか考えてみましょう。コップで飲むときやペットボトルで飲むときなど、いくつかのシチュエーションが浮かぶと思います。

例えば、朝起きてコップで１杯水を飲み、朝ごはんを食べるときさらに１杯飲むとします。外に出かけている間にペットボトルで１本、そしてお昼ご飯とともにコップ１杯、そして家に帰ってきたら夕ご飯のときも含めてコップ３杯の水を飲むとして計算してみましょう。

もちろん若干の大きさのちがいはありますが、コップ１杯の水の量は約２００ミリリットル（ちなみに、一番主流の紙コップ（７オ

ンス)や、紙パックの野菜ジュースなどがおおよそ200ミリリットルです)、そしてペットボトルは1本500ミリリットル。先ほどの例から、合計で、1日およそコップ6杯分+ペットボトル1本分を飲んでいると考えて計算してみると、1日で飲む水は1・7リットルほどになります。

お味噌汁などスープ類も含めると、合計で1日2リットルほどは水を飲んでいるといってよいでしょう。

このように、身の回りの数値からより大きな数値を予想して、計算するための数値を求めていきます。

一日2リットル飲むことがわかりましたので、あとは計算すればOKです。

2×365=730

❖より妥当な値を求めるために、別の計算方法で同じような値になるか確認する

ここで、ほかにには、どんな計算のやり方があるか、考えてみましょう。

例えば牛乳をたくさん飲む家庭では４人家族で１日２本はなくなり、だいたい水と牛乳を同じくらいの量ずつ飲んでいるとしたら……これでも同じように１日２リットル水や牛乳を飲んでいると計算できます。なんとなく、ほぼ正確な値が計算できていそうですね。

ちなみに７３０リットルは、ドラム缶３本半ほどの量。大きな数字は体感できる「単位」で置き換えてみると面白いです。日々のニュースなどで、想像できないような大きい数字に出合ったら、自分の日常の「単位」に置き換えてみると、情報の受け取り方も変わりますし、数学的な感覚が磨かれるでしょう。

フェルミ推定の面白さは、自分で問いを立てること、実感の伴う数字で考えることにあります。フェルミ推定は数学を身近に感じる近道の１つ。ぜひ実践してみてください。

4-4

数学を使って物事を判断する方法

横山明日希

数学は、思考を助ける存在でもあります。今回はその例を紹介していきます。ゲーム理論と呼ばれる、複数の関係のもとで、どのような行動を取るべきかを考える理論があります。この理論には数学的な発想がたくさん潜んでいます。ゲーム理論は、ビジネス、政治や経済などの世界で活用されていますが、普段の生活の中でも活用することができますので、ぜひそういった視点で読んでみてください。

✣黙秘するか、自白するか

ゲーム理論の中でも有名な話の1つに「囚人のジレンマ」というものがあります。例えば警察で事情聴取を受けている場面を想像してみてください。自分(A)のほかに、もう1人共犯のBがいるとします。それぞれ別々の部屋に分けられて事情聴取を受けているとしましょう。つまり、2人は会話することができず、口裏を合わせることができない状況ということです。

そこで「あなたが罪を自白するならば、あなたの罪は軽くなります」と言われたとします。ただし「2人とも自白した場合は、罪が重くなります」と追加で言われました。この場合、あなたはどんな行動を取りますか。

状況をもう少しイメージするために具体的な表を用いて整理してみましょう。

仮に、2人とも黙秘だった場合、200万円の罰金があるとします。しかしながら、あなた(A)だけが自白した場合、Aの罰金は100万円となり、つまり罪が軽くなったという状況になります。しかしながら、ここでBも自白した場合、お互いの罰金は500万円ずつになるという現象が起きます。

「だったら、2人とも黙秘すればいいのでは?」となるかもしれませんが、実は相手の行動を想像すると、『2人とも黙秘すればいいのでは?』と考えているはずだから、僕は自白して罪を軽くしよう」という裏切りが発生する可能性が出てくるのです。

ただ、結局その裏切りを2人ともすると2人とも罪が重くなってしまう、というどっちを選んだらいいか読めないジレンマが発生します。このような状態を「囚人のジレンマ」というのです。

❖暮らしやビジネスでも起こる?

「言いたいことはわかるけど、これが一体何の役に立つの?」「ほかにどんなところで役に立つの?」と思われたかもしれません。しかし、ビジネスや日常生活においてもこうした状況は意外とあるも

		犯人A	
		黙秘	自白
犯人B	黙秘	A:−200　B:−200	A:−100　B:−600
	自白	A:−600　B:−100	A:−500　B:−500

(単位:万円)

- Aが黙秘してBが黙秘した場合
  Aは罰金200万円、Bは200万円
- Aが黙秘してBが自白した場合
  Aは罰金600万円、Bは100万円
- Aが自白してBが黙秘した場合
  Aは罰金100万円、Bは600万円
- Aが自白してBが自白した場合
  Aは罰金500万円、Bは500万円

のです。

例えば、２人暮らしで、どこかが汚れているのを発見したとき、「きっと自分が掃除をしなくても、もう１人が掃除をしてくれるだろう」と楽をしようとした結果、２人とも掃除をせずに汚い部屋で過ごすことになってしまう……といったことはありそうですよね。

こういうときは、先ほどの囚人のジレンマとはちがって、お互いが相談できる状況ですので、場を設けてしっかり話し合うことが大切になるわけですね。

このような「きっと誰かがやってくれる」という状況は仕事の場でもありそうですよね。損得に関わる場面における選択では、無意識にこのような思考をしているのではないでしょうか。

例えば、お店の商品価格値下げ合戦も、囚人のジレンマが起こりやすい状況です。「ほかのお店よりも値下げして、お客さんを増やしたい！」と思うことで、どんどん値下げ競争が激化してしまいます。

例えばラーメン屋ＡとＢが同じ地域で売り上げナンバーワンを争っているとします。

その場合、次のようなことが考えられます。

どちらかだけが値下げする→値下げした店だけが利益を得る
どちらも値下げしない→どちらも同じ利益を上げる
どちらも値下げする→どちらも利益が下がる

両店とも利益が下がることを防ぐためには、日頃から協力関係を気づき、信頼しあうことが重要かもしれません。
このように、物事の判断をするうえで「囚人のジレンマ」に陥らないための数学的な思考は役に立つのです。

4-5

損をしない確率とは？

横山明日希

第3章のじゃんけんの話でも触れましたが、確率はときに直感と大きく反することもあります。ここでは別の例で直感とはちがう確率を紹介します。確率を正しく理解することは、日常で損をしないためにも、必要です。

❖出現確率にまどわされるな

スマホのゲームでよく出てくる「ガチャ」という存在をご存じでしょうか。オンラインゲームではお馴染みの、ゲーム内のアイテムの課金方法の通称です。ガチャを使用することでアイテムの抽選くじを引くことができます。ガチャに関しては、出現確率が明記されているものも多くあり、ユーザーはアイテムがどれくらいの確率で出るかを知ることができます。ですが、この出現確率のせいで混乱することが時々あるのです。

例えば１％で入手できるという記載があるガチャを使用するとき、仮に１００回ガチャをまわしたからといって、必ず当選するというわけではないのです。

ショッピングセンターにあるカプセルトイで１００個の景品があり、そのうち１個が当たりとした場合は１００回まわせば必ずあたりを手に入れることができますが、この出現確率１％というものは必ずしもそうとは限らないのです。どういうことなのか、説明していきます。

まずは、出現確率１％のガチャを、１００回やって１回も当たらない確率を計算します。すると、約36％の確率で、１００回まわしても１回も当たらない計算になります。

当選確率1%なので、当たらない確率は$\frac{99}{100}$です。

100回行うので、計算は、$\frac{99}{100}\times\frac{99}{100}\cdots\cdots$と$\frac{99}{100}$が100回です。

$$\left(\frac{99}{100}\right)^{100}=0.3666032\cdots\cdots\ (=約36\%)$$

続いて、１００回まわして、最低1回は当たる確率はいくつになるでしょうか。それを計算すると

100−36＝64

となり、少なくとも1回は当たる確率は、約64％になります。つまり、１００回まわして1回も当たらない確率は約36％もあり、少なくとも1回は当たる確率は約64％となります。

出現確率1％＝36％は当たらない、というのは、直感に反しませんか？　計算すれば多少納得できるでしょうが、知らなければ１００回ガチャをまわして「なんて運が悪いんだ自分は」となるかもしれません。

逆に１００回まわして2回以上あたり、「ラッキー」となる人も当然出てきます。そういった背景には、数学の確率の視点があったというわけですね。

実は似た話で、誕生日のパラドックスというものがあります。

「たった23人いるだけで、約50％の確率でその中に同じ誕生日の人が存在する」

誕生日といえば３６５日もあるのに、たった23人で同じ誕生日の人がいる確率が半分にもなるのか、と驚く方もいると思います。これも実際に計算することで求めることができます。

ちなみに40人いると同じ誕生日の人がいる確率は80％まで跳ね上がります。もし、それくらいの大人数で集まるときがありましたら、確かめてみてください。

人数	誕生日が重なる確率
10人	約14.1%
20人	約45.2%
30人	約74.7%
40人	約90.7%
50人	約97.5%

4-6

思考の整理にはフローチャート

三浦章

「フローチャート」とは問題を解くための手順を書く方法です。

うまく書けるようになると、算数をはじめいろいろな勉強の理解に役立ちます。

まずは、フローチャートと切っても切れない関係にある「アルゴリズム」という言葉の定義から始めましょう。

❖アルゴリズムとは？

みなさんの中には、NHK Eテレの番組「ピタゴラスイッチ」で流れる「アルゴリズムたいそう」を見たことがある方もいらっしゃるかと思います。

アルゴリズムとは、数学、計算機分野、あるいはいろいろな仕事をするときに、問題を解くための手順を定式化したものです。

1つの問題に対して、複数のアルゴリズムが存在することがあります。

例えば、たくさんのおはじきがあり、その個数を数えたいとします。1つずつ数える方法や、10個ずつのかたまりにしてそのかたまりの数を数える方法など、方法は様々です。どの方法が一番よいのでしょうか。

おはじきがたくさんあるか、あるいは数える人が1人か複数人かなどにより変わりますね。ですから、アルゴリズムは、問題の状況に応じて、最適なものを選択する必要があります。

❖フローチャートの書き方

このアルゴリズムを図で表す手段がフローチャートです。フローチャートは、流れ図または流れ作業図とも呼ばれます。作業の各ステップをさまざまな形の箱で表し、それらの間を実線または矢印でつないで流れを表し、アルゴリズムを表現するものです。

以下はフローチャートで用いる記号の説明です。

①使う箱は下図（ａ）のようなものです。

②具体的な処理は、なるべく箱の中に書きます。

③これらの箱を線で結んで処理の流れを表します。上から下、左から右へ進む処理は通常の場合、矢印をつけません。

フローチャートで用いる記号

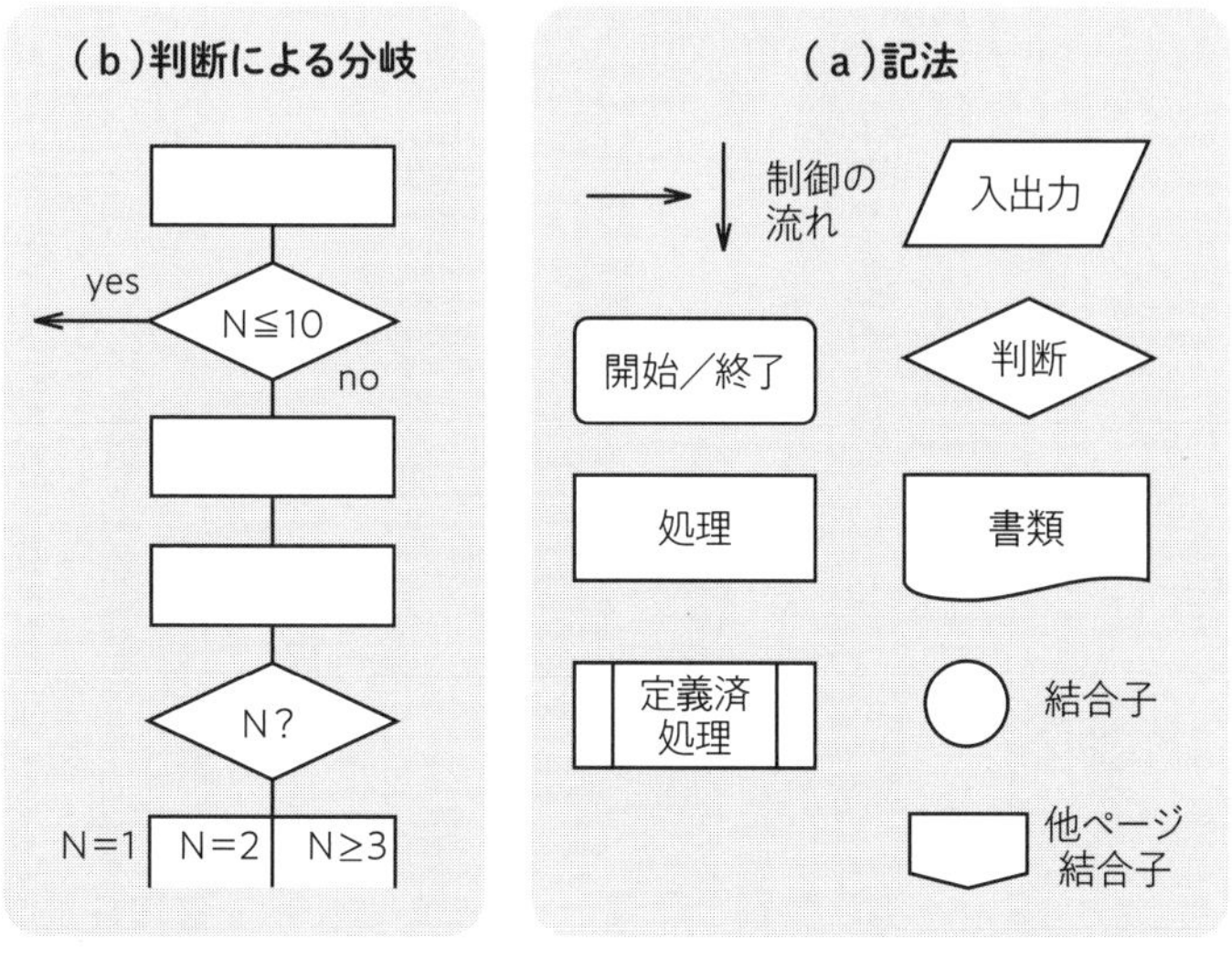

④一つの判断から2つ以上の分岐を書く場合は、下図(b)のようにします。その際、分岐の出口には分岐条件を明記することをお忘れなく。分岐条件記述によく用いられている記号には、等号・不等号(＝、≠、＜、≦、＞、≧)、ｙｅｓ／ｎｏなどがあります。

フローチャートを作成する際には、以下のようにします。

①解決すべき問題を明確にし、どのようなアルゴリズムを用いるかを決定します。正確な用語や定義を用いることが大切です。
②アルゴリズムを小さな処理単位に分けます。
③各処理単位を表す箱を描き、中に処理の内容を書きます。
④条件分岐が必要な場合には、判断ボックスの箱を使用します。分岐条件は「重複なく、かつ漏れがない」ように書かれていることが必要です。
⑤箱を線や矢印でつなぎ、流れを表現します。
⑥フローチャート全体を見直し、わかりやすく整理されているか(重複したり切断さ

れたりしている箇所がないか）確認します。

❖フローチャートを使って問題を解く

フローチャートは次のような問題に対応するプログラムを作成するためによく使われています。

「現在使用されている西暦の年（Ｙ）がうるう年か平年か判断しなさい」

うるう年とは、２月が29日ある年のことで、４年に１回あります。

さて、２０２３年はうるう年でしょうか？　ちがいますね。

うるう年は４年に１回、簡単にいうと４で割り切れる年です。ただし、１００で割り切れる年は平年です。しかしながら４００で割り切れる年はうるう年になります。つまり、２０００年はうるう年でしたが、１９００年は平年でした。

ですから、近代オリンピックを考えると、1900年パリオリンピックと2021年の東京オリンピックを除いて、ちょうど夏のオリンピックの開催年と一致しています。

これを踏まえてフローチャートを作ってみると、下の図のようになります。

現在私たちが使っている暦は『グレゴリオ暦』と呼ばれているもので、500年以上にわたり使われている由緒あるものです。

このうるう年の決め方の成り立つ

うるう年の判定

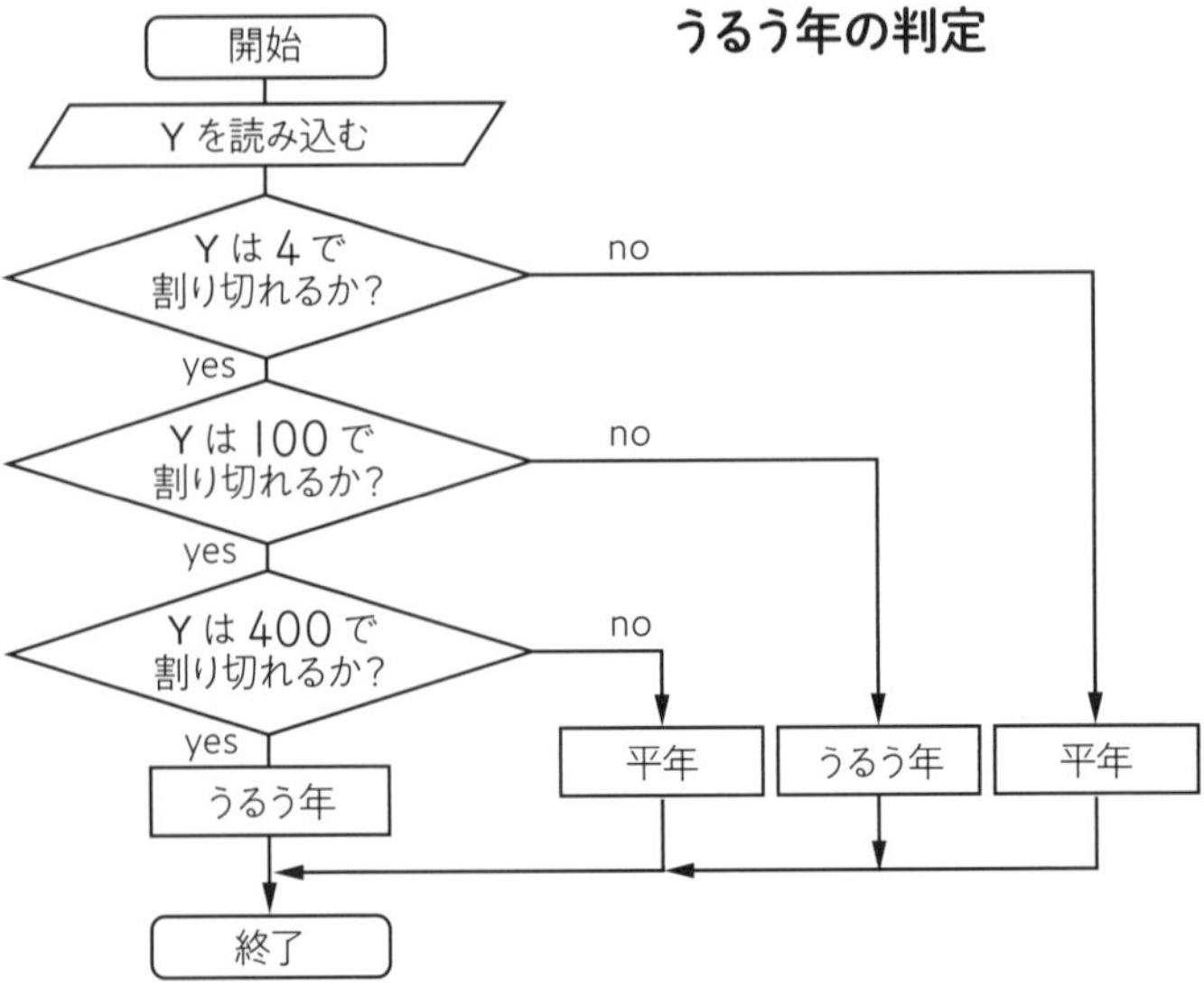

理由を調べると面白いですよ。

❖日常に使えるフローチャート

このフローチャート、実は、算数や数学の問題を解く以外にも、仕事や意思決定の流れなどをわかりやすく記述することもできます。

次は、朝起きてから外出するまでの動作を考えたフローチャートです。

まずは基本的な朝の支度の動きを並べます。ここでは「顔を洗う→食事する→着替える→靴を履いて家を出る」としてみました。

このほかにもいろいろな動作をしていると思います。特に外出時には、いろいろな判断をして、行動しています。天気を見て軽く雨が降っていたら傘を準備しますし、土砂降りならレインコートも着るでしょう。天気予報が午後から雨なら、「携帯用の折り畳み傘をカバンに入れておこうか」など、考えますよね。

外出時、雨にぬれずに快適に過ごすには、どのようなフローが必要でしょうか？

出かけるときに雨が降っていたら傘を忘れないでしょうが、晴れていたら持って行かないかもしれません。天気予報では「午後から雨」となっていても、出かけるときに強めに雨が振っていたら、小さな折りたたみ傘でない方がいいはずです。

そこで、天気予報と現在の天気を確認するフローを追加してみます。ここで降水量や降水確率もきちんとチェックしておけば、折りたたみ傘

朝起きてから出発するまで

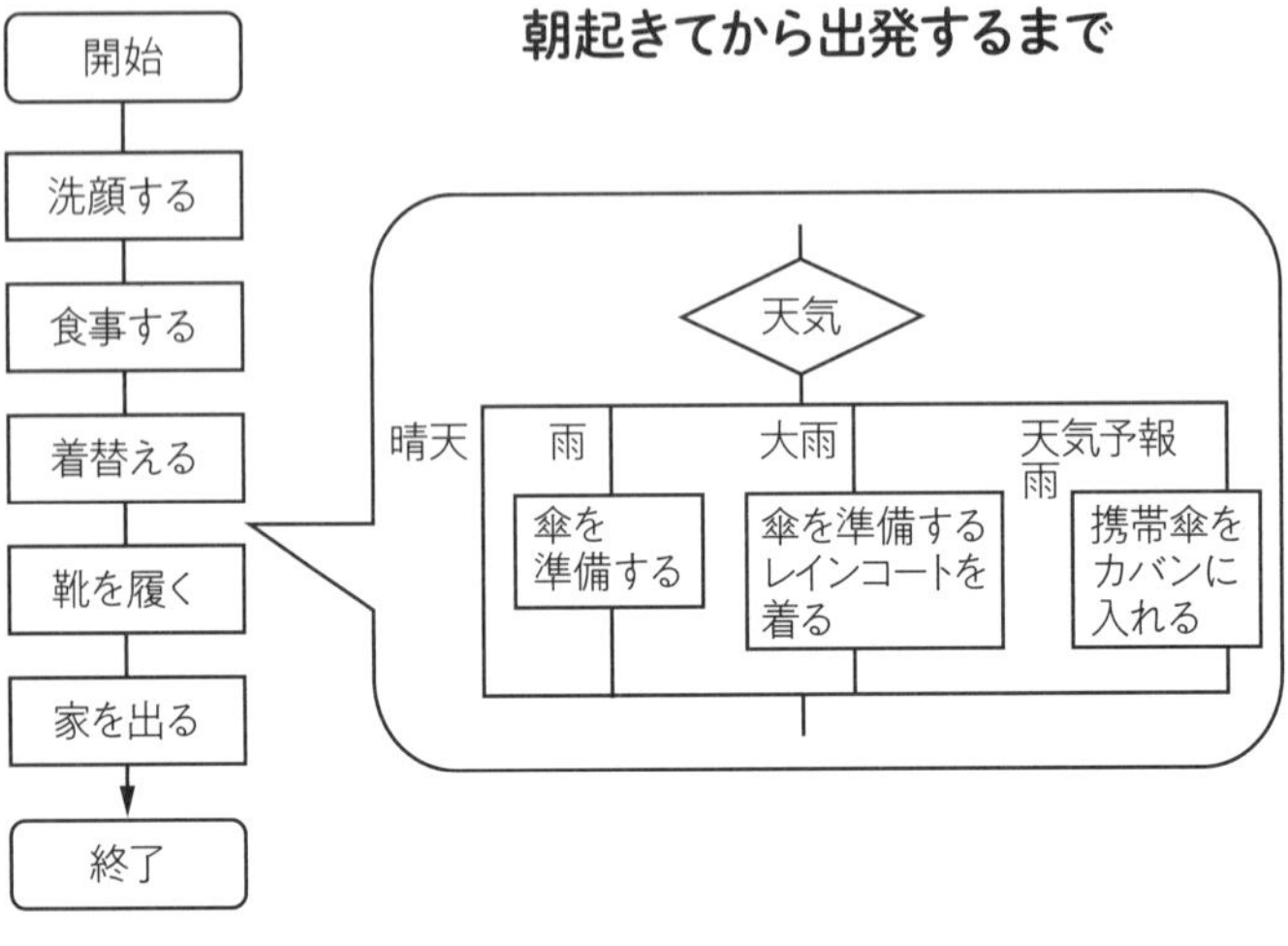

で十分か、もう少し大きな傘が必要なのか、ほかの雨具も必要なのか、判断できますよね。

このようにフローチャートにしておくと、漏れのない仕事ができます。「うっかり忘れ」がなくなり便利です。

フローチャートが、物事の進め方を正確にわかりやすく表現する手段であることがおわかりいただけたと思います。仕事や勉強、日常生活に有効活用してみることをおすすめします。

4-7

物事の判断にはディシジョンツリー

三浦章

物事を考えるうえで役に立つ数学的な発想として、意思決定問題（ディシジョンツリー）といったものがあります。

これは「ディシジョン（意思決定）ツリー（木）」という名前の通り、木のような図を書いていくことでその意思決定をサポートする思考法です。

具体例を実際に挙げて、説明していきましょう。フローチャートのときと同じように、「明日、傘を持っていくか」というテーマで考えてみます。

❖数値化すると冷静になる

まず左に「明日、傘を持っていくか」という課題を記載します。次に、考えうる行動を書きます。ここでは、行動Ａと行動Ｂに分けてみます。その後、起こりうる事態を書きます。ここでは現象１「雨が降る」と２「雨が降らない」に分けて書きます。さらに、降水確率を記載します。最後に起こりうる結果を書き、点数で評価します。予想や期待通りだった場合は点数を高く、予想や期待が外れたときは点数を低くつけます。

それぞれの結果について確率×点数で出た数値を合計して、Ａ・Ｂどちらの行動結果がよいか、判断します。

点数の高い方が、ベターな意思決定といえるでしょう。

ここまで数値化できない場合もあるかもしれませんが、課題に対してどのような行動、現象、結果がありうるか考えて数値化してみることで、物事を冷静に判断し、よりよい意思決定につながるのではないでしょうか。

生活の中の確率　～意思決定ツリーを作ってみよう～

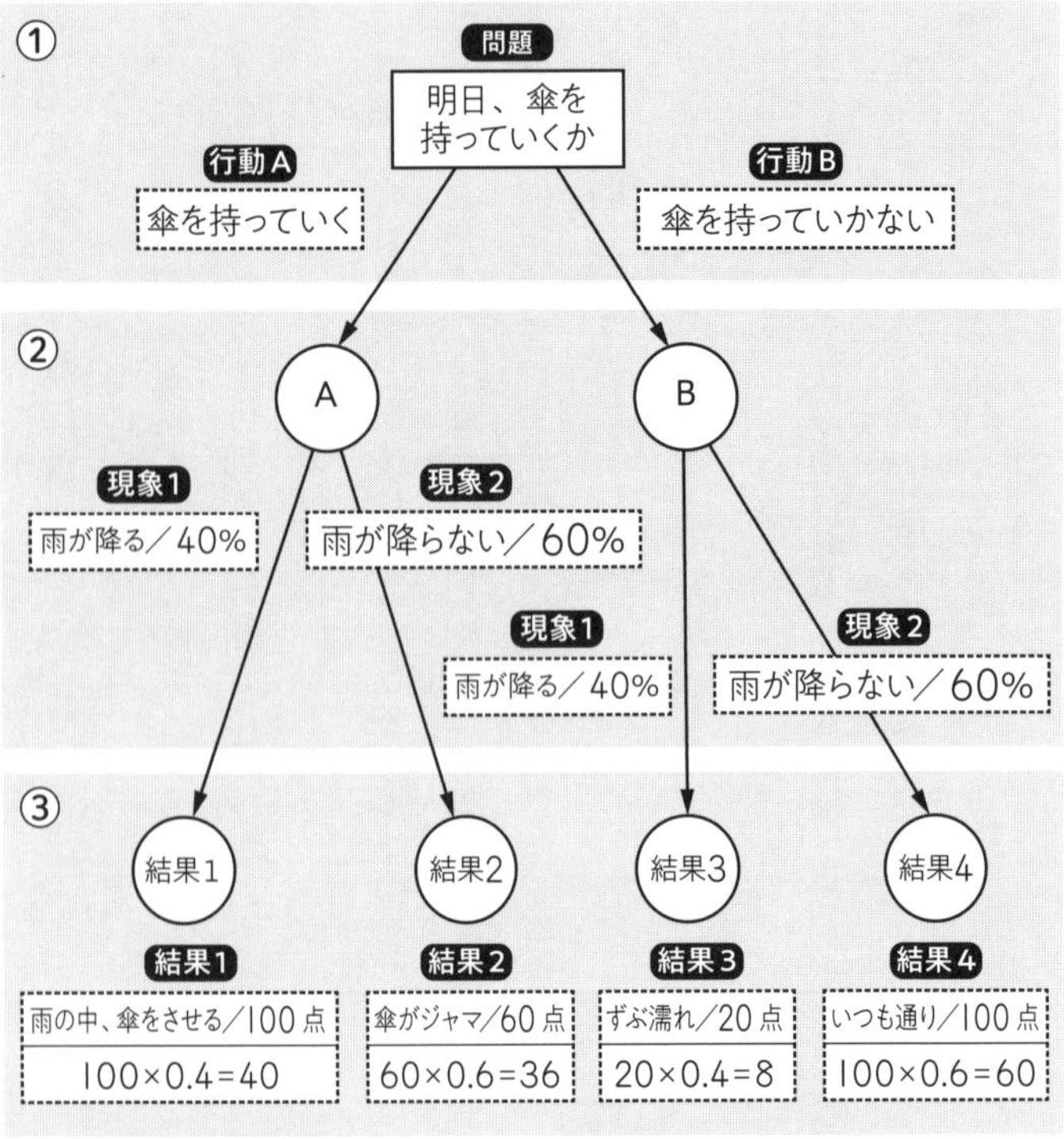

結果1 40 ＋ 結果2 36 ＝ 76

結果3 8 ＋ 結果4 60 ＝ 68

どっちを選ぶ？→ 行動A　行動B

また、さきほど紹介したフローチャートは流れや起こりうる事象を整理するもので、ディシジョンツリーは最適な意思決定をするものです。課題に応じて使い分けてみましょう。

ここでご紹介した役に立つ数学は、みなさんの日常でも活躍の場面があるはずです。机上の空論と思わずに、ぜひ使ってみてください。

このあとの移動手段を考えるとき、今日の夕ご飯の話題に、週末のお出かけの計画に、みなさんのいろいろな生活に、数学が関わっていくことを願っています。

第5章

解くプロセスをおもしろがる

「数学」は、数式を解くだけの学問ではないことをここまで紹介してきました。みなさんの目から見える数学の世界が広がったことでしょう。ここからは、「問題を解く数学」に触れていこうと思います。「え、苦手意識がある！」と思っている方に向けて、第５章では「解説を読む」楽しさを伝えたいと思います。解説を読むことですっきりする、選りすぐりの問題を集めてみました。数学好きの中ではちょっと有名になっているものや、難関校といわれる中学校の受験問題まで、幅広く問題を集めてきました。解説を1つの物語だと思って読み進めていただきたいです。

5-1 社会のニュースと密接に関わる算数

滝澤幹

中学受験の問題、学校で出てくる問題、パズルのような問題など、算数・数学の問題といっても様々なものがあります。まずは身近な事象を算数・数学の問題にしたものをご紹介します。

実は、中学受験算数の入試問題の中には日常のニュースなど社会と直結している問題も少なくありません。例えば、政治分野でいえば、選挙のドント式や按分などが題材になった問題も見られます。経済分野では、消費税についての問題、為替取引についての問題など、ニュースの中でも数字に関連するあらゆる問題が入試問題として出題されています。

今回は新型コロナウイルスで話題になった、臨床検査で使われる感度(病気にかかっている人を検出する力)や特異度(病気にかかっていない人を検出する力)、陽性的中率に関する、神奈川県にある浅野中学校で出題された入試問題を紹介します。

Q 問題 感染検査の結果を考える

1000人に1人の割合(0・1%)で人間に感染しているウイルスがあります。Aさんは、このウイルスに感染しているかどうかの検査を受けたところ、陽性と判定されました。

Aさんの受けた検査の精度は、感染者の70%の人が正しく陽性と判定され、また、非感染者のうち99%の人が正しく陰性と判定されるものとします。

このとき、Aさんが実際に感染している可能性は何%ですか？　小数第2位を四捨五入して求めなさい。

ヒント　書かれていないことを読み取る力が大事

算数・数学の問題でもっとも難しいのは、実は問題文の読み取りです。

特に今回の問題では、「陽性と判定されたのはどんな人なのか？」を読み取ることがとても重要ですね。


このとき大事な考え方は、感染者の70％が陽性になるのであれば、感染者の30％は陰性になるということです。さらに非感染者の99％が陰性ということは１％が陽性になるということなのです。問題文ではこれらのことが省略されています。問題文だけだとわかりにくいので、省略された情報を整理したいですね！

簡単に表にまとめると次ページのようになります。このように表を使うとわかりやすくまとめられますね。

A 解答

具体的な計算がわからない場合は、具体的な数字を使って考えると考えやすくなります。例えば、Aさんが住んでいる都市の人口を10万人とすると、実際に感染している人は0・1%なので100人です。しかし、感染者の70%が陽性となりますから、検査で陽性になるのはこの100人のうち70人です。また、10万人－100人で99900人が実際は陰性ですが、このうち1%、つまり999人は陽性と判定されてしまいます。

つまり、陽性と判定された人が全部で

70＋999＝1069

このうち感染者は70人ですから、

70÷1069×100＝6・54……

よって、検査で陽性と判定された人が実際に感染している可能性は、6・5%です。

	陽性	陰性
感染者	感染者の70%	感染者の30%
非感染者	非感染者の1%	非感染者の99%

	陽性	陰性
感染者 (100人)	感染者の70% (70人)	感染者の30% (30人)
非感染者 (99900人)	非感染者の1% (999人)	非感染者の99% (98901人)
合計(100000人)	1069人	98931人

答え

6・5%

まとめ

数字だけでなく、計算式に興味を持つこと

今回は、臨床検査における陽性、陰性、感度、特異度などを扱った問題を紹介しました。

これ以外にも多くの数字がテレビや新聞などのニュースなどで扱われています。その数字が「どのように計算されたものなのか？」という興味を持って調べてみることはとても大切です。特に「%」などの割合は、「何を何で割っているのか？」その中でも「分母は何なのか？」がとても重要ですね。

ただなんとなく数字を眺めているだけではなく、どんな式でその値が求められているのか、という興味を持って日常の数字に触れてみると、数学の力だけでなく思考する力も上がっていきます。

5-2 問題制作者の視点に立って考えてみる

滝澤幹

制作者の出題意図を想像すると、その問題の面白さを体感することができます。例えば、中学入試の算数ではよく、その年の西暦にまつわる問題が出題されます。ここ数年の話をさかのぼると、例えば２０２１年には２０２１という数が43×47の答えであることを利用した問題などが出題されました。43と47はどちらも素数であり、「43でも47でも割り切れる〜」という文章があると、「これは２０２１の倍数だな！」と考えながら解くわけです。

２０２２年は、「２０２２」に0と2しか使われていないことを利用した規則性の問題などが出題されました。ここではmath channelマガジンで掲載し「予想的中！」と話題になった「２０２２」にまつわる入試問題を紹介します。

問題

2022を使った「虫食い算」に挑戦！

左のようなたし算の筆算が成り立つようにA～Iの数字を求めます。

ただし以下のような条件があります。

$$
\begin{array}{r}
A\ B\ C \\
D\ E\ F \\
+\ G\ H\ I \\
\hline
2\ 0\ 2\ 2
\end{array}
$$

A～Iにはすべて異なる数が1つ入ります。

Bは0です。

FはAの2倍です。

A＜D＜G、E＜H、C＜F＜Iがすべて成り立ちます。

（「＜」は右の方が左より大きいという記号です）

AとC～Iに数字をあてはめて筆算を完成させましょう。

ヒント● 「クイズ」と「入試問題」のちがいとは？

このままだと算数クイズの出題の仕方です。

クイズではなく入試問題を作るとすると、この問題を当てずっぽうではなく、できるだけ論理的に正解を導き出してもらいたいという中学校の先生方の考えが働き、「誘導《ゆうどう》」と呼ばれる、ヒントを兼ねた小問が出題されます（この先で、ヒントを兼ねた小問を出していきますので、ノーヒントで自力で解きたい人はここで一度ストップして問題に挑戦してください）。

ここからヒントとして解法へ誘導する問題を出題します。

ヒントを出しているようには全く見えないのですが、誘導された通りに解き進めていくと、なんと答えにたどり着いてしまいます。

（1） 次の計算の答えを求めなさい。

①A＋D＋G＝　②E＋H＝　③C＋F＋I＝

(2) 1～9の数のうち、使わない数字を求めなさい。

(3) 条件に合うように、AとC～Iに数字をあてはめて筆算を完成させなさい。

この先では、これらの問題を解説していきますので、「自分で考えてみたい！」と思った方は、ここで一旦読むのをやめて、問題に挑戦してみてください。

A 解答

それでは(1)の問題を解説します。

①でA＋D＋Gは、十の位から1か2繰り上がることを考えて18、19、20あたりが候補になりそうですね。

次に、②のE＋Hは異なる2つの1けたの数の和ですから、1＋2＝3、8＋9＝17より、その範囲は、3以上17以下です。

一の位から1か2繰り上がることを考えると、E＋H＝10か11か12となりますから、1繰り上がることが確実です。

これらのことから、Ａ＋Ｄ＋Ｇ＝19ということが決定しますね。

❖範囲を１つひとつ丁寧に考えよう

一方、Ｃ＋Ｆ＋Ｉは異なる３つの１けたの数の和なので、１＋２＋３＝６、７＋８＋９＝24より、その範囲は６以上24以下となります。

さらに一の位が筆算で２となっているので、Ｃ＋Ｆ＋Ｉは12か、22となります。

それでは、12と22のどちらか決めるためにはどうすればよいでしょう？

ここでＡ～Ｉまでの９つの数字の合計はいくつかを考えてみましょう。

（Ａ＋Ｄ＋Ｇ）＋（Ｅ＋Ｈ）＋（Ｃ＋Ｆ＋Ｉ）は、１～９のうち１つの数を除いた８個の数の合計です。ここで１から９までの合計は45ですね。

Ａ＋Ｄ＋Ｇ＝19、Ｅ＋Ｈ＝10か11か12なので、これら５つの数の合計は29か30か31となりますから、Ｃ＋Ｆ＋Ｉが22になることはあり得ません。

よって、Ｃ＋Ｆ＋Ｉは12となります。

一の位から１繰り上がるので、Ｅ＋Ｈ＝11となりますね。

（1）の答え

①A＋D＋G＝19　②E＋H＝11　③C＋F＋I＝12

✣（1）で考えたことをヒントにしよう

それでは（2）はどうでしょうか。

（1）で考えた1〜9の9つの数の和は45ということがヒントになります。

A〜Hまでで使っている数字の和は、19＋11＋12＝42となりますから、使っていない数字は45−42＝3ということがわかりますね。

（2）の答え

3

✣問題の条件はすべて使おう

（3）に進みましょう。

（1）（2）でわかったことから、それぞれあてはめていくのですが、ここでまだ使っていない条件があることを思い出しましょう。

Fは A の2倍ですね。このことから、Aは1〜4までとわかります（Aが5だとFは10になってしまいますから）。

さらに、Fは偶数であり、C＋F＋I＝12ということから、Fは5以下（Fが6になってしまうと、Iは7以上になって合計が13以上）ですから、Aが1でFが2か、Aが2でFが4かのいずれかであることがわかります。

❖ゴールはもうすぐ！　あてはめてみよう！

A＋D＋G＝19ですから、A、D、Gにあてはまる数の組み合わせは、問題文の条件にあるA＜D＜Gより、

（2、8、9）
（4、6、9）
（4、7、8）

（5、6、8）

の4通りですが、Aは1か2なので、A＝2、D＝8、G＝9と決定します。

ここでF＝4も決まりますね。

E＋H＝11ですから、EとHにあてはまる数の組み合わせは、E＜Hより

（2、9）

（4、7）

（5、6）

の3通りですが、2、4、8、9は使えませんから、E＝5、H＝6と決定します。

C＋F＋I＝12ですから、C、F、Iにあてはまる数の組み合わせは、条件のC＜F＜Iより、

（1、2、9）

（1、4、7）

（1、5、6）

（2、4、6）

の4通りですが、残っている数字は1と4と7しかありませんので、C＝1、F＝4、

I＝7となります。

よって答えは

(3)の答え A＝2、C＝1、D＝8、E＝5、F＝4、G＝9、H＝6、I＝7

となります。

筆算にすると、このようになりますね。

$$
\begin{array}{r}
201 \\
854 \\
+\,967 \\
\hline
2022
\end{array}
$$

まとめ

答えと同じくらい「途中の考え方」が大事

いかがだったでしょうか。

「正解だった！」「間違えてしまった……」などの結果が気になる人も多いかもしれませんが、最近の入試問題では、答えだけではなく、途中の考え方（過程）を問われる問題が増えています。

数をあてはめて、正解にたどり着くことももちろんとても大事ですが、１つひとつ論理を積み上げていくことがとても大事なのです。

この問題は、２０２２年に２つの中学校で実際に出題されました。ぜひ、入試の時期になったらこの話題を思い出して、西暦にまつわる問題について調べてみたり、考えてみたりしてはどうでしょうか。

5-3 算数で問われる想像力とは？

滝澤幹

❖想像力が必要な問題がある

中学受験の算数ではよく「想像力」という言葉が使われます。

とても抽象的な言葉なので、算数や数学の世界における想像力とは何なのか、また、想像力を養うためにはどうすればよいのか、ということを、実際の入試問題を参考に紹介していきたいと思います。

今回紹介する問題は、２０２０年に駒場東邦中学校で実際に出題されたものです。

問題

長方形が重なっている様子を想像する

赤、青、黄、白の長方形の紙が1枚ずつあり、それぞれのとなり合う2辺の長さは表のようになっています。この4枚を一部が重なるようにして図のように並べて1つの正方形を作ったとき、見えている部分の面積が4色すべて等しくなりました。このとき、次の問いに答えなさい。

(1)正方形の1辺の長さを求めなさい。

(2)4色の長方形を重ねた順番を下から順に答えなさい。

表

色	となりあう2辺の長さ
赤	20cm, 18cm
青	18cm, 8cm
黄	20cm, 9cm
白	20cm, 9.6cm

図

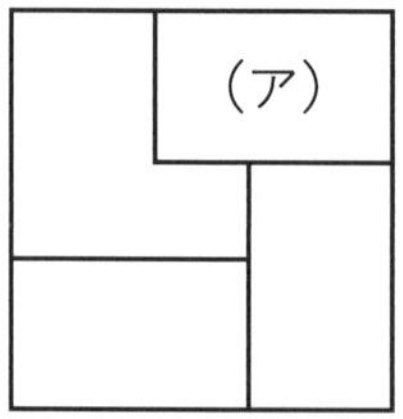

ヒント！ 想像力とは言い換える力

4枚の長方形を一部が重なるように並べた図を見て、長さや並べた順番などを想像する問題です。このような問題は、問題文中からいかにヒントを見つけ出せるかが重要ですね。

文中でなにげなく書いてあることを別の言葉で言い直してみると、大きなヒントになることがあります。今回のヒントはずばり「4枚」「正方形」です。想像力とは決して曖昧なものではなく、別の言葉でわかりやすく言い直すことができる力でもあるのですね。

それでは解説です。

解答

（1）（ア）の面積の4倍が全体の正方形の面積になりますね。

正方形は1辺×1辺で面積を求めますから、面積は同じ数を2回かけた数すなわち平方数になります。4も2×2で平方数ですから、正方形の面積を4でわった(ア)の紙の面積も平方数でなければならないことがわかりますね。赤、黄、青、白の長方形の紙の面積のうち、平方数になるのは、青の１４４平方センチだけです。よって答えは青で、正方形の１辺は24センチとなります。

答え　24センチ

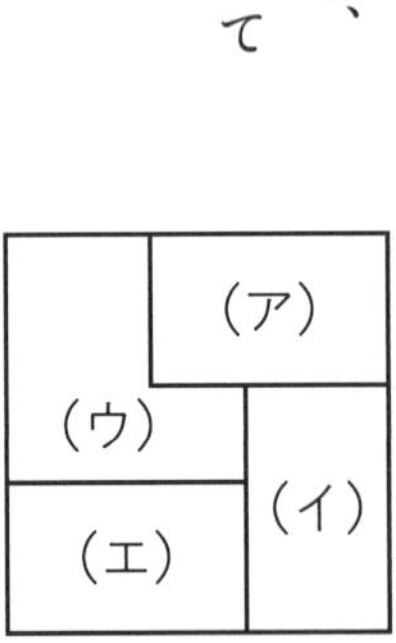

(２)　図のように、見えているほかの部分を(イ)(ウ)(エ)とします。正方形の１辺は24センチ、(ア)のたてが８センチですから、(イ)はたてが16センチになりますね。面積は(ア)と同じで１４４平方センチですから、(イ)の横は９センチ。よって黄色で、上には青のみがあることがわかります。

同じように考えていくと(エ)は横が15センチになるので、たては１４４÷15＝９・６センチ。よって白で黄色の下にあることがわかります。よって最後に残った(ウ)が一番下で赤ですね。重ねた順番は赤→白→黄→青となることがわかります。

答え　赤→白→黄→青

まとめ

想像力を養うのは手を動かした経験

このように紙を重ねることを想像すると、（イ）の横の長さは黄色の長方形の横の長さと等しいことから重ねる順番がわかりますね。同じく（エ）のたての長さが白の長方形のたての長さと同じことから、重ねる順番がわかります。

もし、これがうまく想像できない場合は、実際に紙を重ねてみることをおすすめします。想像力は経験から生まれることが多いのです。特に図形の問題は、**そのとき**の手の動かし方や紙などの動き方を視覚的に覚えていることが想像力の源となります。

経験にもとづく想像力が求められる問題です。

5-4

中学受験もお買い物が大好き?

滝澤幹

中学受験の算数と聞くと「難しそう……」というイメージがあるかもしれません。しかし、解くのは小学生です。問題として扱われる題材としては、身近で具体的な数字を扱うものであることが多いのです。その１つの代表がお買い物です。

お買い物の問題でよく出題されるのは、答えが１つに決まらない問題です。１つひとつ地道に調べ上げても答えを出すことはできますが、いかに工夫して簡単に解くかが大切になります。

解説を読んでいただくと、「なるほど！」と思っていただける問題ですので、楽しみながら読んでみてくださいね。紹介する問題は、２０２０年に筑波大附属駒場中学校で実際に出題されたものの一部です。「不定方程式」の考え方を使います。

問題 不定方程式に挑戦

［１］次の問いに答えなさい。

（１）１個50円の品物Ａ、１個１００円の品物Ｂをそれぞれ何個か買ったところ、代金は１０００円でした。Ａ、Ｂを買った個数の組み合わせとして考えられるものは何通りありますか。

ただし、どの品物もそれぞれ少なくとも１個は買うものとします。

（２）１個50円の品物Ａ、１個１００円の品物Ｂ、１個１５０円の品物Ｃをそれぞれ何個か買ったところ、代金は７００円でした。Ａ、Ｂ、Ｃを買った個数の組み合わせとして考えられるものは何通りありますか。

ただし、どの品物もそれぞれ少なくとも１個は買うものとします。

（３）１個47円の品物Ａ、１個97円の品物Ｂ、１個１４７円の品物Ｃをそれぞれ何個か買ったところ、代金は１４９９円でした。Ａ、Ｂ、Ｃを買った個数の組み合わせとして考えられるものは何通りありますか。

ただし、どの品物もそれぞれ少なくとも１個は買うものとします。

ヒント　不定方程式とは何か？

ここからこの問題を解くカギとなる「不定方程式」について説明しましょう。

ノーヒントで問題を解いてみたい方は、このまま挑戦してみてください。

まず、方程式とは、未知数をxやyなどの文字において等式をたてたものです。中学で習う方程式は答えが1つに定まるものが多いイメージですが、今回出てくる不定方程式では答えが1つに定まりません。

実際に問題にそって考えていきましょう。（1）の問題は、Aを買った個数をa個、Bを買った個数をb個として式をたてると

$$50\times a+100\times b=1000$$

という方程式になります。式は1つですが、未知数は2つあるので答えは定まりません。ですから不定方程式とよばれるわけです。

しかしa、bは品物の個数ですから整数です。このため、答えは有限個に確定します。

1つひとつ考えるのは面倒に思われるかもしれませんが、この問題は公約数に注目すると簡単に解くことができます。

ここまでのヒントで、「そういうことか！」と気がついた人もいるかもしれません。この先で問題を解説していきますね。

A 解答

(1)まずは、値段の高いBに注目します。代金は1000円なのでBは1〜9個の9通り買い方があります。ここで、代金もBの単価も50の倍数なので、Bを買ったあとの残金は必ずAの単価50円でわりきれます。ですから、いちいちAを何個買うのか考える必要はありません。よって9×1＝9通りです。

答え　9通り

(2)値段の1番高いCに注目します。代金は700円なので、Cは1〜4個の4通りの買い方がありますね。

よって、次のようにCの個数で場合分けをして考えます。

Cが1個の場合→残金が550円なので、Bは1〜5個の5通り
Cが2個の場合→残金が400円なので、Bは1〜3個の3通り
Cが3個の場合→残金は250円なので、Bは1〜2個の2通り
Cが4個の場合→残金は100円なので、AとBを1個以上買うことは不可能

ということで計10通りです。この問題も（1）と同様に単価も代金もすべて50の倍数なので、BとCの買い方が決まれば、残金は必ず50でわれます。Aを何個買うのか考える必要はありません。

答え　10通り

❖（1）や（2）をヒントにして解く

（3）を解いていきましょう。47、97、147という数字をよく見ると、差が50、100になっていることに気づきます。50、100といえば（1）で出題された問題で使っ

た数字ですね。Aを買った個数をa個、Bを買った個数をb個、Cを買った個数をc個として、方程式を立てたあと、図のように変形して考えます。

ここで下線部の１の位は９にならなければいけませんね。ですから$a+b+c=7$か17か27であるとわかります（37以上だと１４９９を超えてしまいます）。$50\times b+100\times c$の答えは50の倍数ですから、あてはめて考えると

$a+b+c=17$のときに、$50\times b+100\times c=1499-47\times 17=700$

で、残金が50の倍数になります。

（１）と同様に考えるとcは１〜６個の６通りでbの個数を考える必要はないので６通りとなります。

答え　６通り

$$47\times a+97\times b+147\times c=1499$$

$$\rightarrow 47\times a+47\times b+50\times b+47\times c+100\times c=1499$$

$$\rightarrow \underline{47\times(a+b+c)}+50\times b+100\times c=1499$$

まとめ

簡単すぎる問題は次の問題のヒント

この問題の（1）はとても簡単です。「簡単な問題だ！　正解できる！　やったー！」となっても無理はありませんが、本来はこう考えるべきです。

「簡単すぎる！　これは次の問題で、この考え方や答えを利用するからにちがいない」

問題があるということは出題者がいるということです。出題者が何を考えて問題を作っているのか、ということを想像しながら問題を解く力が中学受験の算数ではとても大切な力なのです。

5-5

数学のセンスって何？

滝澤幹

❖あの大学で出題された、数学のセンスが求められる問題を！

算数・数学がほかの科目に比べて、得意不得意、好き嫌いのほかに「センスがある・ない」という区別がされることが多いように思います。数学のセンスとは何なのでしょうか。

数学のセンスとは何か明確に説明するのは難しいのですが、例えていうならば、「特徴的な数や計算を覚えている」「問題文を別の具体的でわかりやすい言葉で言い換える」ことができる人のことをいうのかなと思います。今回は、このような数学のセンスが必要とされるような問題をご紹介しましょう。

２００５年の東京大学の入学試験で出題された問題です。そのままではなく、解きやすくするために少し数字を変えました。もし、数学のセンスのある人であれば、１分くらいで答えを出すこともできてしまうと思います。それでは問題です。

Q 問題　割りきれる数の性質とは

３けたの奇数アで、ア×ア−アが１００００で割り切れるものをすべて求めよ。

とてもシンプルな問題ですね。ここで「考えたい！」と思う人は先に進まず、ぜひ考えてみてください！　それではここからヒントをいくつか紹介します。

ヒント！　分解する

１つ目のヒントは、さきほど数学のセンスでも紹介した、問題を言い換えるということです。

「ア×アーア」といわれていますので、これをもう少しイメージしやすいものに替えてみます。そう、因数分解です。

ア×アーア＝ア×（アー1）ですよね。これをさらに具体的な数字を使って言い換えると、アは3ケタの数ですから、100×101〜998×999の「連続する2つの整数の積」であることがわかります。よって、「これらの中で1000で割り切れるものをすべて求めなさい」という問題と同じであることがわかりますね。どうですか？　これで先ほどの問題より、考えやすくなった気がしませんか？

では次のヒントです。

連続する2つの整数とは「差が1である2つの数」です。勘のいい方はわかるかもしれませんが、連続する2つの整数は必ず1つは偶数、1つは奇数になるのです。

どうして偶数と奇数が出てくるか、このあとに説明しますね。まずはキリのいい数字である100、1000、10000を考えてみます。

このステップでのゴールは、10000を偶数×奇数で表したいのですが、いきなりだとちょっと思いつきづらいかもしれないので、そんなときはまず簡単に100や1000で考えます。

偶数×奇数が100になる組み合わせは、5×20や4×25があります。同じように1000になる組み合わせも考えていくのですが、

$100=2^2\times5^2=4\times25$

$1000=2^3\times5^3=8\times125$

この2つの組み合わせに気がつくと、10000も考えやすいです。それぞれ、2と5が1つずつ増えていますからね。

では、ここから解説に入ります。

A 解答

この、2と5で100や1000をつくる規則にしたがって組み合わせを見つけると、

10000＝2^4×5^4＝16×625

という組み合わせを見つけることができます。

❖分けるとわかる

アは奇数なので625であると考えられます。また、このときア−1が16の倍数になればいいわけですね。

625−1＝624

624÷16＝39

となり、624は16の倍数であるとわかります。

実際にアに625を入れて確かめると

625×625−625＝62(625−1)×625＝624×625＝390000

となって、10000でわりきれます。

答え 625

蛇足ですが、10000＝16×625のように、ある数を特徴的なかけ算の形に分解できることは、計算を楽にする助けにもなりますし、さまざまな問題で役に立ちます。数のセンスの1つとは数を特徴的な積に分解できることといってもいいかもしれません。つまりそれは知識であり、努力で身につくことでもあるわけです。

そもそも「わかる」という言葉は「分ける」という言葉の親戚です。わかるためには、ものごとを分けて考える必要があるということです。

まとめ

数のセンスとは「1つの数を2つの積に分けられること」

「こんなのが1分でできるわけない！」と思う方も多いですよね。ですが、ここで解説を読んだみなさんは、この先の人生で、同じような問題に出会ったときに、「あ、偶数と奇数の連続した整数を見つければいいのだ」とかなり効率的に考えることができると思います。

もちろん、全く同じ問題に出会わなくても、例えば、10000＝625×16であることが頭の片隅にあると、日常生活でふとしたときに役に立つかもしれません。このように、ちょっとした知識を応用していくことも、数学のセンスを磨く秘訣といえるでしょう。

5-6 日本の数学「和算」に触れる

三浦章

ここまでは入試問題を中心に扱ってきましたが、ここでは江戸時代から日本で独自に発展してきた数学である「和算」から、おもしろい問題を紹介します。

Q 問題　油を半分だけ取り出すには？

10Ｌ桶に油が10Ｌ入っています。7Ｌ升《ます》と3Ｌ升を使って油を移し替えながら、10Ｌの半分である5Ｌの油だけを取り出すにはどうしたらよいでしょうか。ただし、移し替える際、容器に入るだけ移し替える必要があります。

ヒント パズルのように考える

これは、日本の数学者「和算家《わさんか》」の第一人者である吉田光由《よしだみつよし》の著した『塵劫記《じんこうき》』（寛永8年版、1631年）に書かれている由緒ある問題（「油分け算」とも呼ばれます）をもとにした数学パズルです。似たような問題を、升の図を描いて油を移し替えるたびにどれだけ残っているか確認しながら解いたという経験がある方もいるかもしれません。しかし、この問題は、そのような「試行錯誤」でしか求められないのでしょうか。いいえ、そんなことはありません。ここでは、数学を活用してパズルのように論理的に解く方法を紹介します。

A 解答

ここからは、7L升、3L升の入っている油の量の表し方を工夫する、という方法で解いていきます。

今回は、次ページのような図を使って考えてみましょう。縦方向には0から3までの数が書かれており、縦は「3L升の油の量」を表しています。そして横方向は「7L升の油の量」を表しています。

いま、「●」が書かれている位置は「3L升の油の量」「7L升の油の量」がともに0であり、これはまだ何も移し替えていない状態(10L桶にだけ、油が10Lある状態)を表しています。

❖図を使ってパズルのように考える

では、「油を移し替えたとき「●」がどのように動くのか」を考えます。

はじめは、7L升と3L升ともに油が入っていないため、10L桶から、

パターン① 7L升に油を入るだけ(7L)いれる
パターン② 3L升に油を入るだけ(3L)いれる

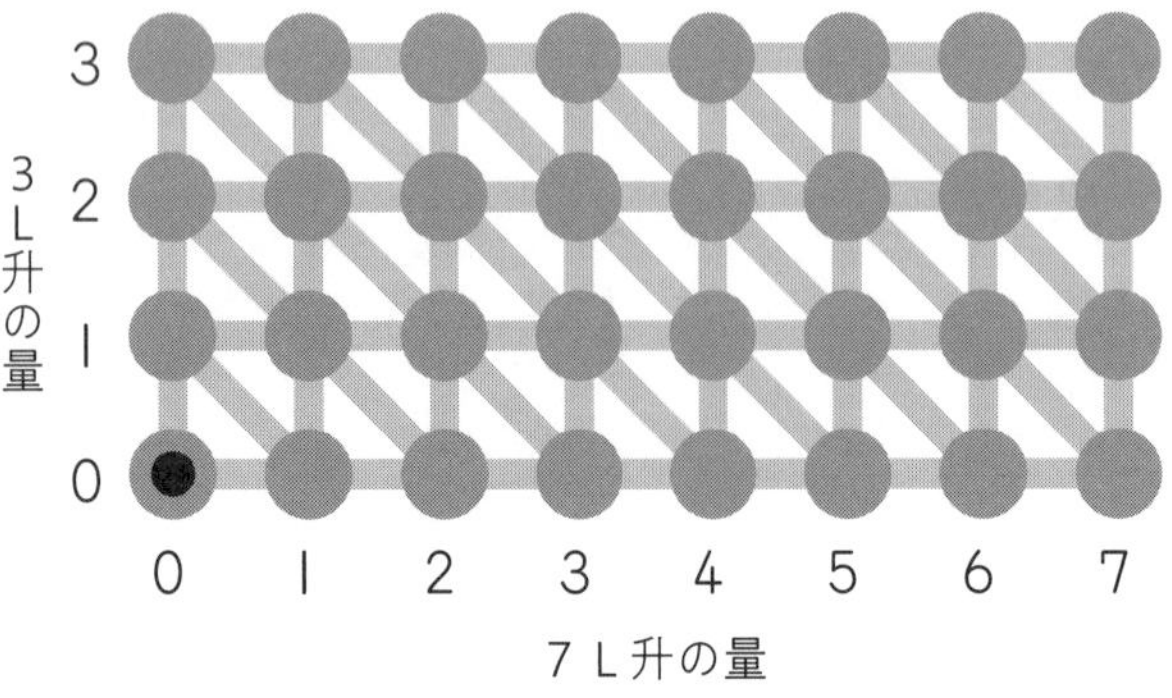

のどちらかの移し替えができます。このとき、①や②の操作は、図のような矢印の動きをし、それぞれ「●」の位置が移動します。①の移動した先の「●」の位置は縦方向は0、横方向は7のところにあるので、7L升には油が満杯入っていて、3L升は空っぽの状態であることになります。

言い方を変えると①の「7L升に油を入るだけ(7L)いれる」という操作は、この図で「右方向に進めるだけ(7つ分)進む」という操作と同じ、ということになります。

では、①の場合の続きを考えてみましょう。7L升に油が7L入っていて、3L升が0Lの状態からは、

パターン①―A　10L桶から3L升に油を入るだけ
(3L)いれる

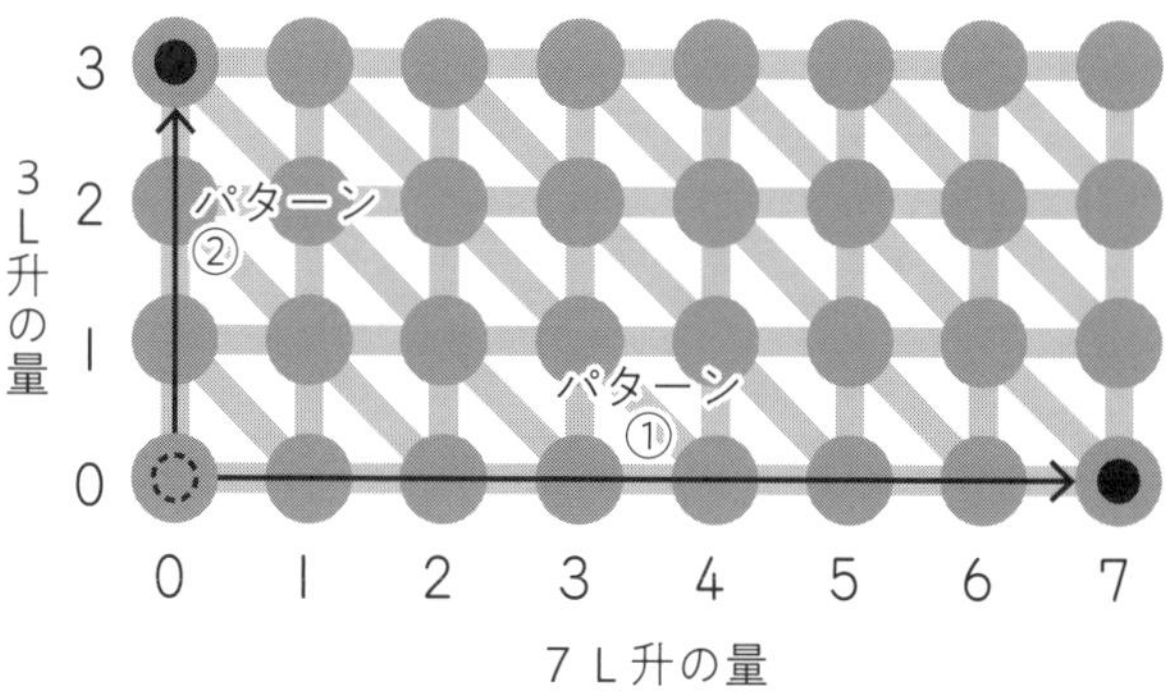

パターン①—B　7L升から3L升に油を入るだけ（3L）移し替える

という2通りの操作ができます。では、この操作は図でいうとどんな動きになるのでしょうか。パターン①—A、パターン①—Bの操作はそれぞれ、下図のような矢印の動きをします。

パターン①—A「10L桶から3L升に油を入るだけ（3L）いれる」は「上方向に進めるだけ（3つ分）進む」で、パターン①—B「7L升から3L升に油を入るだけ（3L）移し替える」は「左上方向に進めるだけ（3つ分）進む」という操作に置き換えられます。

ちなみに、パターン①—Bをしたあと、再び「3L升から7L升に油を入るだけ（3L）戻す」をすると7Lの升にだけ油が入った状態になりますが、これは

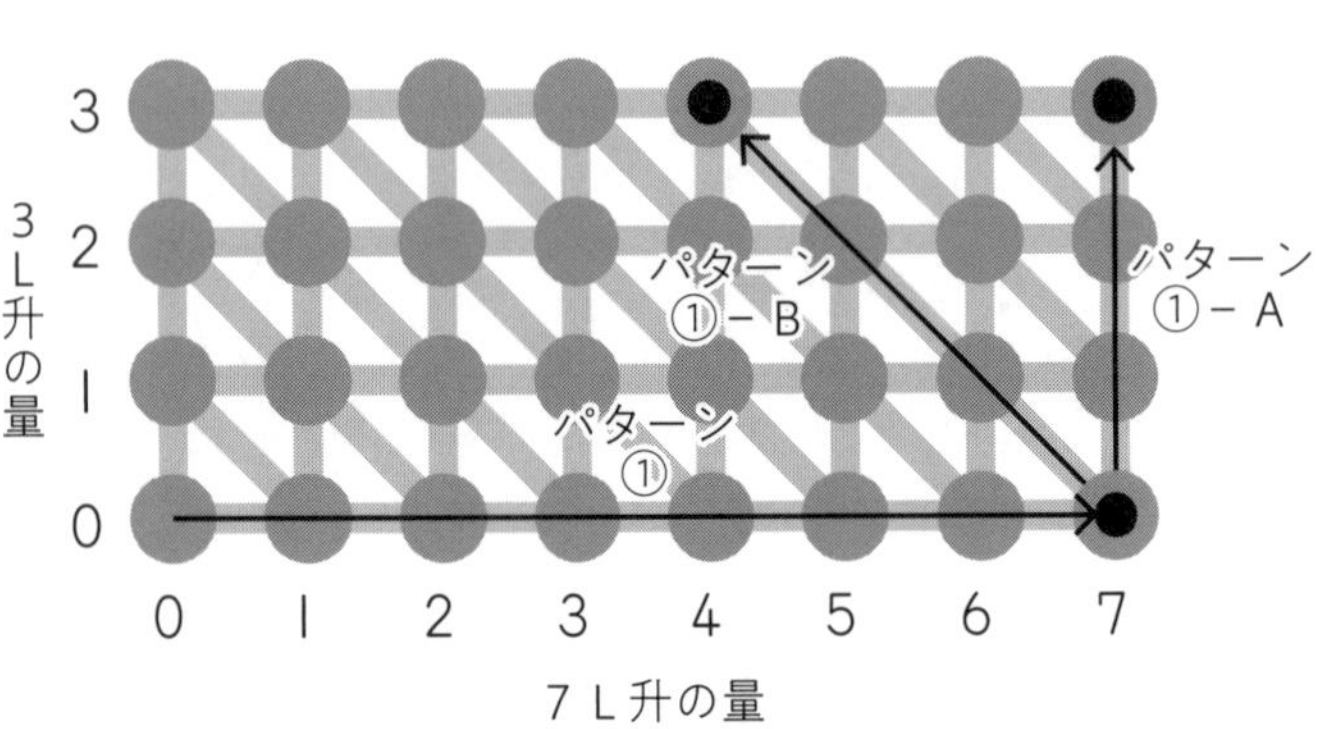

下の図でいうと「右下方向に進めるだけ（3つ分）進む」という操作になるわけです。

❖問題を言い換えてみると？

さて、図の上でできる操作方法が見えてきたでしょうか。実は、最初の問題は次のようなパズルの問題として言い換えることができます。

この図の道をスタート地点からつきあたるまでまっすぐ進みながら、図のゴール地点にたどりつくためにはどのような経路で動けばよいでしょうか？

途中で止まったり方向を変えたりできず、つきあたりまでまっすぐ進まないといけないというルールなので、遠回りしないといけません。実際に進み方を書いてみるとこのようになります。

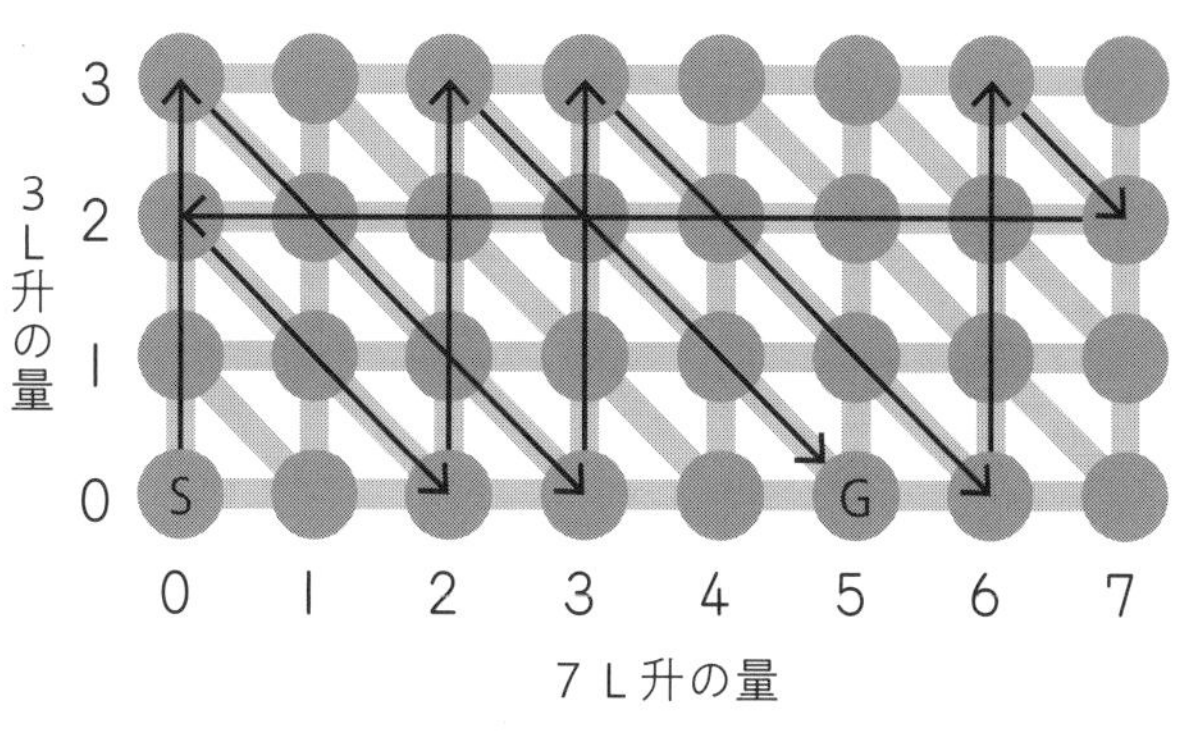

ほかにも下の図のような方法もあります。
このようにパズル問題として考えると、答えが簡単に出ます。

❖困ったらパズルで考えてみる

もちろんほかの量を取り出す方法も、同じやり方で見つけることができます。図を使って、実際に確かめてみてください。また、容器の大きさを変えてみるとどうなるのか、試してみてもよいでしょう。

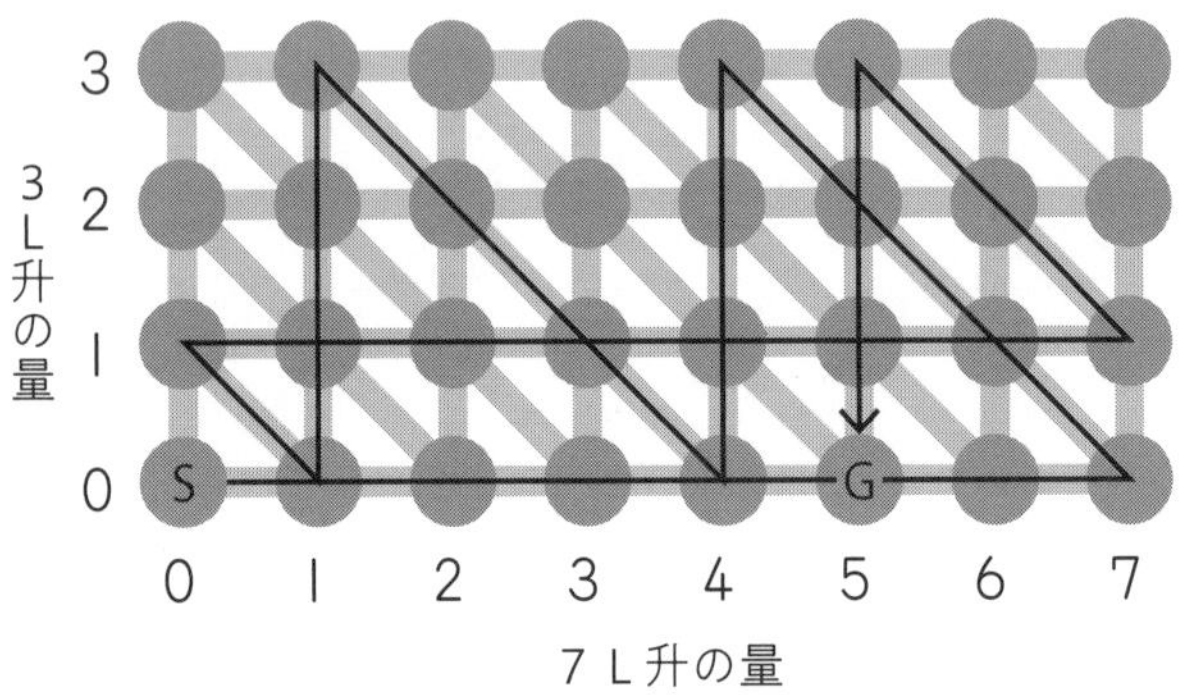

第6章

楽しく数学を学ぶコツ

最後に、問題を解かずに楽しく算数・数学を学ぶ方法をお伝えします。一人でできるものから、複数人が参加できるものまで幅広く紹介します。

ぜひ、アレンジを加えてやってみてください。

6-1 いつまでも続けられる!? 大人もハマる数学あそび

横山明日希

数学は遊びの中に潜んでいます。机に向かって問題を解くだけが数学なのではありません。深掘りすると面白い、ついついハマってしまう数学あそびを紹介します。

❖脳トレになる？　数学あそび

まずは、４つの数字を使って遊ぶ「テンパズル（別名make10）」。

車のナンバープレートや電車のきっぷなどで、誰しもが一度は遊んだことがある（と信じています）この「テンパズル」。別名「make10」です。

ルールは以下のようになります。

●ナンバープレートや電話番号の下4桁から「1234」「1729」など4つの数字を決める
●4つの数字と「＋、－、×、÷」や「（　）」を使い、答えが10になる計算式を作る。数字は並び替えてOK
●ただし、「1」と「1」を「11」のように2桁の数として使うのはダメ。また、4つの数字は1回ずつ、すべて使うこと

例えば「1234」の場合ですと「1＋2＋3＋4」で「10」を作ることができます。

お気づきの方もいらっしゃるかもしれませんが、答えは1つではありません。

別解として「3×4－1×2＝10」なども答えになります。


思考錯誤しながら正解を見つけていくことができるので、おすすめです。

例えば、先ほどの「3×4－1×2＝10」という式を作る際には「3×4が12だから、もう残り2つの数字で答えが2になる式を作ればいいから……1×2を作ればうまく

いく！」などと考える人もいるはず。柔軟に頭を使って考えることになりますね。

個人的なおすすめポイントは、０を除く異なる４つの数字（「１１２３」とかは×）の組み合わせであれば、必ず10となる計算式が作れてしまうということ！

１〜９の数字から異なる４つの組み合わせ方は、全部で９Ｃ４＝（９×８×７×６）÷（４×３×２×１）＝１２６通り！

思ったより少なそうですね。「全部調べられるかな？」という気持ちになります。

全部とまでは行かずとも、適当な４つの数字からいろいろなパターンを考えることができるので、ちょっとした時間つぶしにもぴったりです。

6-2 ゲームで楽しむ算数・数学

吉田真也

子どもの頃に計算の練習がつまらなくてイヤだったという人は多いのではないでしょうか。

単調になりがちな計算練習なども、ゲームを使うことで、楽しみながら繰り返して身につけることができます。

身近に同じ悩みを抱えたお子さんがいる方は一緒にやってみることをおすすめします。

今回は、トランプとサイコロを使った「シャット・ザ・カード」という算数ゲームをご紹介しましょう。海外の古典ゲーム「シャット・ザ・ボックス」をアレンジしたゲームです。日本ではマイナーなゲームなのでご存じない方も多いと思いますが、簡単にできますので、ご安心ください。

❖用意するものは？　遊び方は？

それでは早速、用意するものと遊び方を見ていきましょう。

〈用意するもの〉

・トランプ

1〜10のカードを各2枚ずつ計20枚

・サイコロ

1〜6の目が出るタイプを2個

〈遊び方〉

①1〜10のカードを数字が見えるように並べます。

②自分の番が来たら2つのサイコロを同時に

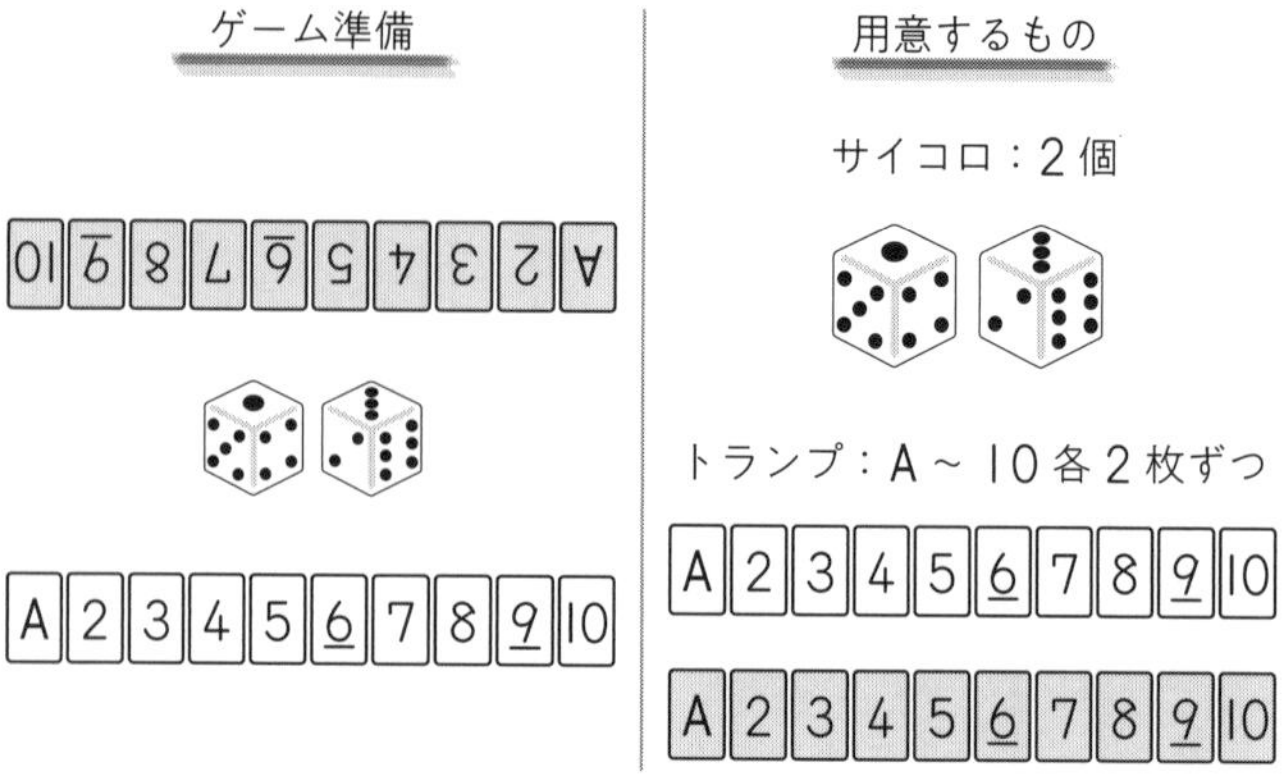

振り、出た目を合計します。

③目の合計に合わせて1枚または2枚のカードを裏返します。

　2枚の場合は、カードの数字を足し算して目の合計になればOKです！

例）2と4の目が出て合計が6のとき

・「6」のカードで1枚

・「2」と「4」のカードで2枚

・「1」と「5」のカードで2枚

　上記3つの方法から裏返し方を選びます。

※裏返せるカードの有無にかかわらず、パスをすることができます。

④②、③を繰り返し、先にすべてのカードを裏返した方が勝ちになります。

※ただし、最後に「1」のカードが残った

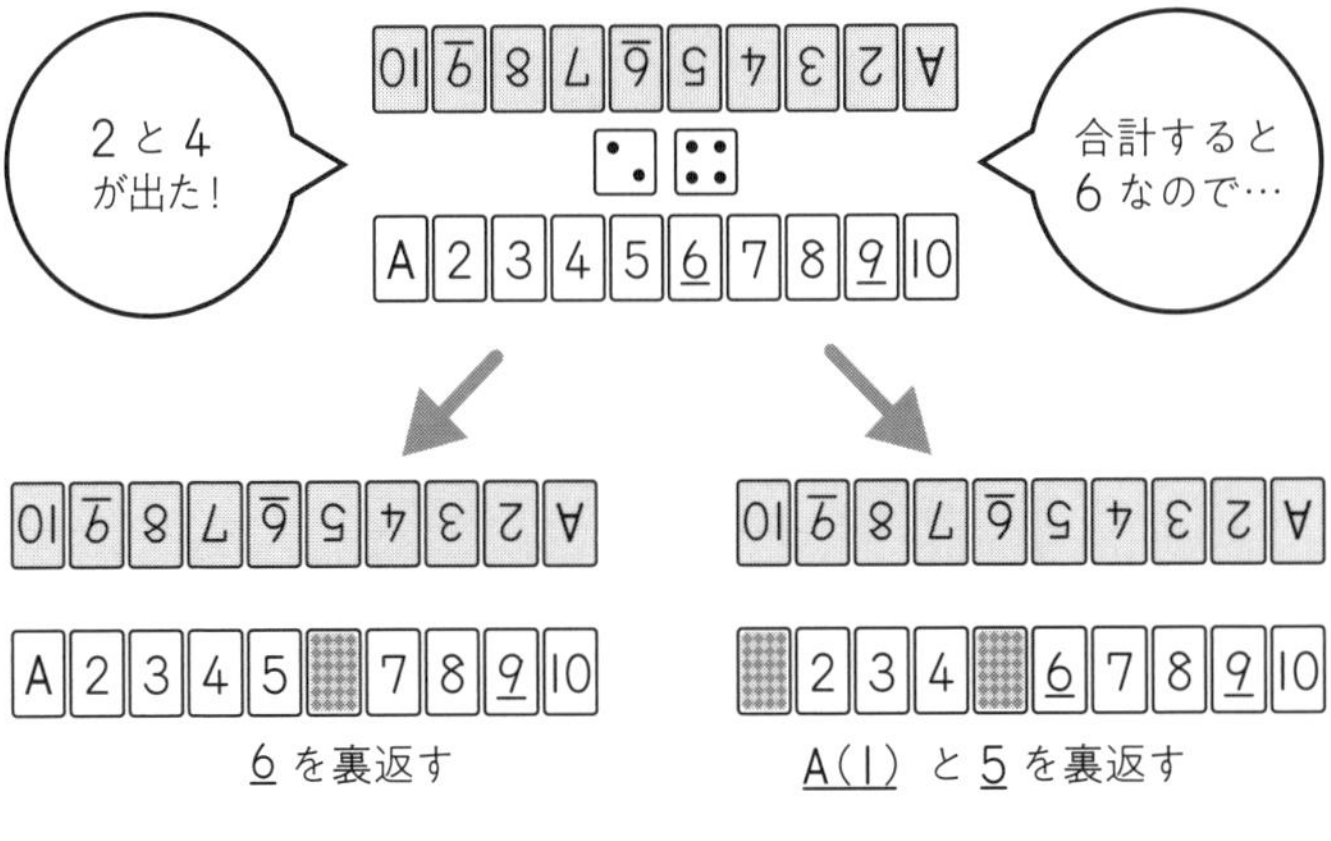

場合は、その時点で負けとなります。（２個のサイコロそれぞれが１を出したと考えると、目の合計は２が最小値となります）

❖どんな学びがある？

計算の練習になるのはもちろんですが、実はほかにも学びがあります。

このゲームではカードを裏返すとき、「答え」から「式」を作ります。例えば、６という答えから「１＋５＝」や「２＋４＝」のような式を考えるという、普段の計算ドリルとは全く逆の練習になります。

実はこの操作には「数の分解」という名前がついています。似たようなことを小学校１年生の初期に学習するのですが、十分な練習機会を確保できないことが多いです。このゲームなどを通してたくさん練習することで、くり上がりくり下がりの計算力アップも期待できます。

また、サイコロ２つの目の合計は２〜12までありますが、その合計の出方は均等ではありません。サイコロ１つの場合は１〜６の目が均等に出ますが、２つを合計する場合、実は6〜8あたりがよく出るのです。実際に何回も実験して確かめたあとに、なぜそうなるのかを探究することで、確率の初歩的な概念を体験することもできます。

さらに、お子さまには、次のような声かけをしていただくと、より学びが深まります。

●ほかのカードの組み合わせで作れないかな？
●どんな目が出てくれたらうれしい？
●最後に1のカードを残すとどうなるかな？

ゲーム中の会話は子どもの思考を整理する良いきっかけになるので、ぜひ実践してみてください。子どもも大人も一緒に学んでいきましょう。

❖算数ゲームはほかにもたくさん！

今回は「シャット・ザ・カード」という算数ゲームを紹介しました。世の中には算数・数学を学べる楽しいゲームがたくさんあるので、ぜひ調べてみてください。

また、オリジナルの算数ゲームを作ってみるのも面白いです。何もないところから作るのは難しいので、これまでに遊んだことのあるゲームに算数・数学の要素を入れてアレンジしてみてはいかがでしょうか。

例えばカードゲームなら足して10を作れたらクリアとか、3の倍数に役をつけるなど。ほんの少しのアレンジで、難易度が変わります。

私も算数ゲーム好きが高じて、オリジナルの算数ゲームを開発するようになり、そして子どもたちのもとへ届けています。

例えば、九九を学べる「kukupon!(くくぽん)」や、立体図形の感覚を養う「立体ショウタイム」など、新たなゲームを作れば作るほど、「算数×ゲーム」の魅力、そしてその可能性に気づかされます。

みなさんも、ゲームや遊びのなかから算数・数学の楽しさをみつけてみてください。

6-3 オトナの数学自由研究のすすめ

横山明日希

突然ですが、今年の夏はどんなことをしましたか？　仕事や家の用事をやっていたらいつの間にか終わってしまった……という人が多いかもしれません。そんな大人の読者のみなさんには、「自由研究」がおすすめです。ここではもちろん、算数をテーマにした研究を紹介します。

「算数なんて小学生がやるもの」「いまさら自由研究なんて」と思う人もいるかもしれませんが、大人になったいまやってみると、意外とその奥深さにハマってしまうもの。それに、学びには「なんでも素直に面白がる」、そんな子ども心が大切です。気になるものがあれば、ぜひちょっと掘り下げてみてください。

✣算数の自由研究ってなにをするの？

算数といっても、意外と幅広い話題が含まれます。
ここでは４つのテーマを掘り下げていきます。

- ●数の性質や計算の法則
- ●図形の性質や身近な形
- ●知育パズルや理論ゲーム
- ●身近なものの大きさや速さなどの単位

①数の性質や計算の法則について調べる自由研究

数や計算の自由研究としては、以下のようなものが考えられます。

- ●大きな数の名前の由来を調べてみよう
- ●日常に多く出てくる数字を調べてみよう

●世界の数字を調べ、オリジナルの数字を作ってみよう

ここでは、日常に多く出てくる数字を掘り下げてみたいと思います。結果から言ってしまうと、「1」が一番多い数字です。なぜそうなるかというと……詳しい理由はここでは省略しますが、これは数学で説明ができる現象なんです。

また、「恒河沙《ごうがしゃ》」「阿僧祇《あそうぎ》」など、大きな数を表す名称の由来を調べて海外と比較しても面白いでしょう。世界のいろいろな数字表記がどうしてその形になったのか、変遷を調べてみるのも、面白い発見がありそうです。

②図形の性質や身近な形に着目した自由研究

身の回りのものを眺めるときに、「大きさ(広さ)」「長さ」「角度」「面積」「体積」などの視点を取り入れていくと、より深い考察ができるようになります。

●折り紙を折って等分してみる

●転がりやすい形を作ってみる

●身の回りの三角形を探す

数や計算の研究に比べると、図形は「身近なもので作って確かめることができる」という面白さがあります。また、第5章では実際に手を動かすことも大切だとお伝えしましたよね。子どもにもどったような気持ちで、やってみると、新たな発見があるでしょう。

③知育パズルや論理ゲームなどを分析する自由研究

暇つぶしで行われるようなちょっとしたゲームのなかにも、実は数学が使われています。それらを掘り下げていくと、そのゲームの攻略法が見えてきます。

例えば、あみだくじで当たりを引きたければ真上を選ぶこと。実は統計的に確率が高くなると言われています。誰もが知っているゲームにこんな裏技があったなんて、誰かに話したくなりますよね。

④身近なものの大きさや速さなど、単位に関する自由研究

身近なものの単位を調べてみるという自由研究には、キャッチーで興味が湧きやすい

ものが多くあります。

ビルの体積を求める以外にも、電車の中に何人まで乗客できるのかを計算してみる、大きな交差点で1回につき何人が横断しているのかを計算してみる、なども、モノの規模感を想像する面白い研究になります。

ただ、その分、調べてみることは少し大変です。大きなものを計算するうえで、正確な値がわからない場合は「フェルミ推定（Ｐ１２５参照）」を取り入れてみてください。

ここまでオトナにもおすすめの自由研究を紹介してみました。周りに小学生のお子さんがいる方は、一緒にやってみたり、自由研究のネタとして提案してみたりしてはいかがでしょうか。

コラム

作品で楽しむ

【河野梓】

どうでしょう。第6章を通して教科書を読んだり問題集を解くばかりが数学の学習ではないということが、実感いただけたのではないでしょうか。

ここでもう1つ、算数・数学を楽しく学べる良き教材をご紹介しましょう。

それは、本です。なんだ結局本なのかと思うかもしれませんが、待ってください。教科書や問題集とも違う魅力がある本を2冊紹介します。

まずは、小川洋子さん著の小説『博士の愛した数式』(新潮社、2003年)。

交通事故による脳の損傷で記憶が80分しか持続しなくなってしまった元数学者「博士」と、彼の新しい家政婦である「私」とその息子「ルート」の心の触れ合いを描いた作品です。

映画化もされていて、そのキャストは、寺尾聰《あきら》、深津絵里、浅丘ルリ子、頭師佳孝などお馴染みの顔ぶれです。個人的には浅丘ルリ子が演じた人物と寺尾聰が演じた人物のミステリアスな関係が気になりました。

友愛数、素数、双子素数、完全数など、数学用語としておなじみのものが出てきます。

本を読んだあとでどのような数なのか調べてみても楽しいと思いますよ。

そして、もう一冊は小谷善行さん監修の『Newton大図鑑シリーズ　数学パズル大図鑑』(ニュートンプレス、2020年)です。

図鑑の魅力はなんでしょう?

一番は「眺めるだけでいろいろな情報が入っ

てくる」ことではないでしょうか。恐竜図鑑にしろ、元素図鑑にしろ、その豊富な絵・写真・図から伝わってくるものは瞬時に興味を刺激してくれますね。

また、パッと開いて気になったものから読める(眺められる)のも図鑑の魅力の1つ。

「算数・数学に図鑑なんてあるの?」と思われるかもしれませんが、実はたくさん出ているんですよ! 本書では数々の数学問題・パズル問題を眺めることができます。「古代より人類はこんなことを考えてきたんだな~」と眺めるもよし、実際に気になった問題を解いてみるのもよし。「知って楽しい」のが一般的な図鑑ですが、「解いて楽しい」も味わえるなんてよくばりですね。

算数ではなく数学となっているだけあって、扱っている問題もなかなか大人びたものが多く、表紙もおしゃれです。持っているだけでも「知的なワクワクを傍におく楽しさ」を感じられるかもしれません。

算数・数学を扱った本はまだまだあります。教科書や参考書とは違ったかたちで算数・数学に触れるツールとして、その世界観を楽しみながら親しんでみてくださいね。

『Newton大図鑑シリーズ　数学パズル大図鑑』(小谷善行監修、ニュートンプレス)

あとがき

あなたにとってどの話題が心に残る内容でしたでしょうか。

おそらく、人によってどの話題がよかったかは異なります。人によって数学に対する前提知識も違いますし、数学以外にも興味がある内容がそれぞれ異なるわけで、そうなってくると、響く数学の話題も異なってきます。

私たちメンバーも、それぞれ異なるきっかけや時期に算数・数学を好きになっています。物心がついたときからという人もいれば、パズルやゲームで好きになったという人もいます。計算ドリルが大好きでたくさん計算しているうちに算数が好きになったという人もいれば、高校に入ってから急に好きになったという人もいます。大人になってから改めて数学に触れて、その魅力に気づいたという人もいるのです。

私たちは算数・数学の魅力を発信していく立場で、これからもめげずにたくさんの話題を届けていきます。ですが、受け手としては必ずすべてを受け止めようとはせず、まずは「これは面白かった」と印象に残った1〜2つの話題から記憶に刻んでおくのが大切です。そして、その面白かった、という感覚を忘れずにいることで、数学に対する苦手意識が少しずつ薄れていくと思います。

そして、数日、数週間はたまた数カ月したらまたこの本を開いて読み返してみてください。そうしたらまた、「面白い」という発見が出てくるかもしれません。そういった「面白い」の連続が数学を好きになるための大切な要素です。

私たちmath channelは、そんな数学との偶然の出会いをもっともっと増やすべく、日々活動を続けていきます。ぜひ、math channelマガジンやＳＮＳ、YouTubeでの発信にも触れていただきたいですし、講座などで出会えることも楽しみにしています。

横山明日希・math channel一同

math channel（マスチャンネル）
『"体験" を通して、算数・数学を身近に』を理念に掲げる、算数・数学の楽しさを伝える活動コンテンツ企画グループ。「数学のお兄さん」として活動する横山明日希が代表を務める。これまでなかった「新しい算数・数学の学び」の機会を全国各地の人々に提供すべく、教室の運営や学校・科学館への出張講座、算数・数学クイズの制作、YouTubeやWEBメディア「math channelマガジン」での情報発信を行っている。
いつでも気軽に算数・数学と触れることができる場を目指したWEBメディア「math channelマガジン」では、本書の著者たちが算数クイズやタメになる雑学、子育てのヒントなど数多くの記事を執筆している。
https://magazine.mathchannel.jp/

文系オトナですが、今から数学を楽しめますか？

令和6年（2024）2月5日　初版第1刷発行

著者　math channel
イラスト　朝倉千夏
発行者　池田圭子
発行所　笠間書院
〒101-0064
東京都千代田区神田猿楽町2-2-3
電話：03-3295-1331
FAX：03-3294-0996
mail：info@kasamashoin.co.jp
https://kasamashoin.jp/

ISBN 978-4-305-71005-5　C0041

編集協力　アジール・プロダクション　村田浩司
装幀・デザイン　米谷豪
図版・本文組版　株式会社STELLA
印刷／製本　大日本印刷